A Minute to Think

為自己創造白色空間，擺脫瞎忙，做真正重要的事

留白工作法

Juliet Funt 茱麗葉·方特

許恬寧 譯

Reclaim Creativity, Conquer Busyness, and Do Your Best Work

本書獻給我偉大的母親，她永遠是我的後盾。
愛妳，親一個。

目次

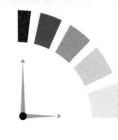

第三部　實務應用

前言——沒有終點線的狂奔

我這個人不適合開視訊會議，畢竟我平日工作最重要的戒律，就是在別人講話時，麻煩自己務必閉上嘴，但視訊會議很容易七嘴八舌。我沒在說笑，這方面我真的無可救藥，就是忍不住要插嘴。多年來，我修正這個毛病的簡單方法，就是要自己閉緊嘴巴。我真的不是因為沒禮貌才喜歡打斷別人，只是腦筋轉得太快，話會不小心從嘴裡蹦出來。

過去二十年間，我的專題演講特色，就是在台上說話有如連珠砲。我講話總是十萬火急，有如誇張的卡通片，整天不是火燒屁股，就是火燒眉毛。每個人都訝異我的講話速度怎麼有辦法那麼快，但對我來說，我只不過是把腦子運轉的速度讓外界看到而已。

如今回想起來，我語速快是動作快的結果。我的另一個毛病，就是很難正確判斷一天究竟能做多少事。正常情況下，我永遠試著塞進多到不合理的事。有一次，在某段特別忙碌的時期，我有太多事要做，一個不小心，被捲髮器燙傷手臂內側，因為我一隻手在弄頭髮，另一隻手又伸過來塗睫毛膏。接下來，在事情爆滿的同一週，我又扭傷腳，拐杖正好會壓在手臂那個小燙傷處，根本無法走路。就這樣，我終於被迫取消所有的事，癱坐在沙發上，真正停下來。直到今天，我還記得那一刻有多美好，我終於可以**放棄**，就坐在那裡，停下來幾分鐘。

說到這，各位應該能夠明白，我天生不是那種能暫停一分鐘、挪出時間來思考的人。一天之中，我甚至連停個三秒都辦不到——**對我的整個職業生涯來說，實在很諷刺**。主要是因為我自己很難辦到，所以才要想辦法讓時間能夠留白。

然而，我每天都需要空檔，你也一樣。

我們正處於史上最喘不過氣的年代，永遠忙個不停，終日疲於奔命。全球的勞動力累壞了，水深火熱都不足以形容。我最愛的T恤上印的字，很能形容我們的生活有多麼地過勞、多工與離不開螢幕：「別叫我井井有條，跳井自殺比較快。」

我後來發現解決辦法是「白色空間」（white space），也就是在一天之中挪出一段時間來思考（以及呼吸、反省、計劃、創造）。後文會再說明，這個詞彙源自看著紙本行事曆沒填滿的地方，接著發現那些小小的空格、那些紙上沒墨水的地方，將是替一天增添心流、心平氣和與驚人創意的關鍵。

在平面設計的領域，白色空間是指頁面上沒內容的留白。在銷售領域，則是尚待搶攻的市場白地。在我的公司，我們則定義為「沒分配任務的時間」。那是一塊沒指定要做什麼的開放時間——或長或短、事先挪出時間或剛好有空。我們在排滿活動的生活中，策略性地停下腳步，給自己白色空間。我發現，不管走到哪，人人缺乏白色空間，人人需要白色空間。缺乏白色空間是倦怠如影隨形的始作俑者，高成就者永遠在想辦法把能力發揮到極限。

每當人們發現或許能有白色空間，幾乎都能聽到他們鬆了一口氣。人們謝天謝地時，你也會跟著高興。我在私下的對話、工作坊，以及全球最大型的領導力活動上，有幸能與成千上萬人分享白色空間的妙用。全球運用白色空間概念的人士，從全美各地、德國、澳洲，甚至是盧安達等地寄來感人的信。寫信的人說，在他們當地也一樣：人們需要心智空間，**需要一分鐘的思考時間**。由於十年前，企業客戶開始請我們推廣這樣的概念，我們的顧問公司就此問世，目前合作過的品牌包括谷歌（Google）、寶僑

（P&G）、范斯（Vans）、絲芙蘭（Sephora）、耐吉（Nike）與Spotify。

本書集結多年的教材與測試，包含無數小時的顧客調查、研究與觀察。你將得知的重要概念，包括如何計算忙碌的隱藏成本，以及四種「策略性停頓」（Strategic Pause，進入白色空間的途徑）。此外，我將提供各種應用工具，例如：「簡化大哉問」（Simplification Questions，協助你隨時擺脫浪費，重新集中注意力）、「沙漏」（Hourglass，溫和但堅定地帶你走過決策流程，釐清何時要拒絕、何時可以答應），以及「黃名單」（Yellow List，這項工具將助你大幅減少電子郵件與干擾）。

本書的第一部〈永遠嫌不夠的文化〉，將介紹我們的忙碌生活缺少的元素，這個元素能讓工作變得容易，帶來更多滿足感。此外，你會得知我們未能堅守這項元素的原因。第二部〈白色空間法〉，將介紹一套循序漸進的作法，協助你意識到是哪些影響力逼著你忙碌，你又將需要哪些心理習慣，才能獲得自由。第三部〈實務應用〉會協助各位熟練使用相關工具，改善工作流、團隊溝通、會議、電子郵件、公司文化，以及工作以外的生活。

對了，本書故事中提到的人物，如果是全名，便是我曾經合作、訪問或請教的對象，他們選擇透露身分。如果只提到名字，沒寫姓氏，那代表為了隱私的緣故，相關人士的身分細節經過改動或合成，但故事裡的所有元素都是真的。

我替平日輔導的人士寫下這本書。他們之中有的是小主管，在該吃飯的時候，窩在辦公桌前吃花生醬了事，因為有空外出用餐，宛如另一個年代的民間傳說。另外，也有公司高層連續四年取消休假，因為他們看不出如何能毫髮無傷地跳下移動中的火車。此外，我輔導的客戶有些當了爸媽，他們一手推鞦韆，另一手在回覆電子郵件，因為「兩件事都很重要」。

套用白色空間後，你工作起來會更順利，不再舉步維艱，更能水到渠成。我強烈建議，可以的話，二至多人一組，一起探索這個領域；因為孤掌難鳴，但要是大家一起成為白色空間的大使，團結力量大，人人都能受惠，不必再被忙碌壓垮。

做出改變的時刻到了，現在就做。我們必須開始奪回創意，戰勝忙碌，在最佳的狀態下工作，趁過勞年代進一步榨乾我們之前，就先屏棄讓我們不堪負荷的價值觀。我們是卡通裡的威利狼，衝向山谷，吊在半空。若是選擇懸崖勒馬，還有機會退回安全的地方，但時間不多了。

我照樣容易衝過頭，做太多事，但我學到有可能停下，我祝福各位也能迷途知返。首先，處理你自身的挑戰。接下來加入我，一起為使命奮鬥——我們的工作型態，正在讓好人懷疑人生。我們是戰士，我們要反抗永遠停不下來的工作模式。我最大的心願是對你的忙碌自我而言，本書提供的點子與工具，將有如濕毛巾敷在發高燒的額頭上。如果我成功了，你將感到本書的友善方向是可行的，你會在心中燃起希望，相信真的有可能換個方式工作。

很高興能在這裡見到大家，出發吧。

第一部

永遠嫌不夠的文化

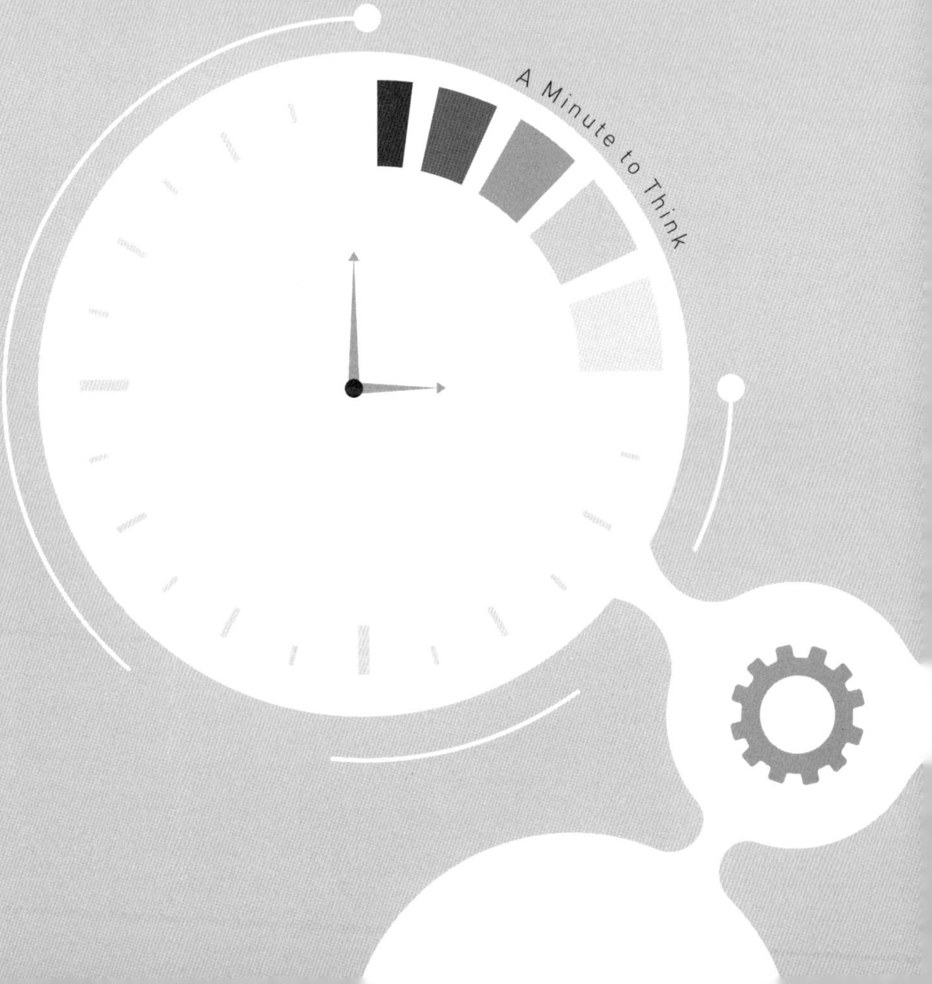

CHAPTER 1

缺席的元素：我們偷偷渴望空間

> “我們的工作與生活的構成元素中，少了一樣東西，但還有可能加回來。”

我小時候一直沒學會生火，畢竟那不是紐約曼哈頓人的核心技能。我是否學會在萬聖節搭電梯，一樓一樓玩「不給糖就搗蛋」？這還用說。我能否熟練折疊 Ray’s 披薩，在大快朵頤前，先讓所有的油流到餐巾紙上？三歲就難不倒我。還有，中央公園的垃圾桶與髒雪堆之間，那個五呎高的斜坡，我當然學會了靈巧滑下。然而，對於住公寓的小孩來講，除非真的快要世界末日，要不然你永遠沒機會學生火。

我在成長過程中，仍然沒學會這項技能。我交過熱愛戶外活動的男友，一度嘗試在海灘或營地與篝火為伍，但不曾掌握讓火燃起的能力。多年後，我生了三個小孩，有一次和先生帶著兒子，住進大熊湖（Big Bear Lake）旁的小木屋，地點離我們在洛杉磯的家不遠。那是一次典型的開車出遊，幾個小孩擠在後座，輪流玩兩個遊戲：「你寧願選哪一個？」（Which Would You Rather?），遊行過後舔街道或吃牙籤？）以及永遠受歡迎的加碼比賽：「這會痛嗎？」（Does *This* Hurt?）

那次的小木屋值得特別驅車前往，屋子有著巨大觀景窗，藏在一片美麗林子裡。此外，屋內有一個城堡般的石頭大壁爐，如果不燒點什麼，感覺實在太浪費。幾個孩子想到可以生火，興奮極了，跳上跳下，但不幸的是，我們沒木柴，也不懂生火，我先生又去鎮上了，也因此我和都市人一樣，碰上任何不懂的領域時，解決之道是找教練。

三隻小熊之家（Three Bears Lodge）鋪著蕾絲墊的桌上，放著一個小小的說明牌：**如需柴火，請寄簡訊！十分鐘便送達。**（牌子旁是名字一語雙關、令人難忘的地方資訊報《脊柱》〔*The Spinal Column**〕。）我立刻拿出手機，想不到居然有訊號，我寄出簡訊，接著就像變魔術一般，柴火瞬間出現。我們都懷疑，服務人員是不是就躲在角落待命。查理敲了敲門，一身裝扮像是伐木工，神態則很像天塌下來都不怕的衝浪愛好者。查理告訴我們母子，生火的時候堆成一層一層，最容易成功：先在壁爐裡放一點紙、一些乾松針，再來是幾塊火種，再加兩種木材——軟木很容易起火，硬木則燒得久。三個孩子點頭如搗蒜，複誦流程，摩拳擦掌，準備好要生火了。然而，查理忘了提到一個關鍵元素：生火需要**空間**。

我們小心翼翼架起柴火，把世上能燒的每一種東西全放進去，接著丟入一根又一根的火柴，但二十分鐘後，火還是燒不起來，接著我先生回來了，瞄了一眼密密麻麻的木炭後，和善地抽走我手中所剩無幾的火柴，重新設計我們的火堆。他鬆開松針，撥了撥火種，接著把柴火堆成三角帳篷形狀，好讓氧氣得以自由流通，助長火勢。接下來，我先生只劃了一根火柴，火就燒了起來。孩子烤完一整包的棉花糖，我也學到寶貴的一課。

燃料之間要留空間，否則火燒不起來。

空間讓柴堆得以著火，一直燒下去。然而，我們在壁爐外的人生每一個領域，全都忘了這條自然的法則——工作上尤其忘得離譜。我們的行事曆塞得密密麻麻，毫無空隙，有如俄羅斯方塊破關後的最終螢幕畫面。我們腦中多到滿出來的事，流向數十個記不全的備忘錄 app，缺乏讓火燃燒的氧氣。我們劃了一根又一根的火柴，急切地想要點燃自己，盡情燃燒。然而，如果要提升工作，我們真正需要的資源，其實是一丁點的喘息空間。

要是少了空間，我們便無法持續燃燒自己，無法拿出最佳的工作表現，也因此錯過改變全局的突破性點子。那樣的點子不曾大駕光臨，因為忙碌擋住了門。此外，我們錯過人生的緣分，沒機會認識別人，因為根本不存在交流的時刻。

如果要完整了解我們的損失有多慘重，可以想像元素週期表少了一兩格。假如氮或鈉莫名其妙消失，植物將失去顏色，萎靡不振，世上的每一根薯條也將永遠不完整。光是失去一樣東西，就會引發漣漪效應，整個世界都會受影響。這種事其實已經發生。

＊ 譯注：Column 亦有「專欄」的意思。

隨著我們永遠強迫自己多做一點，便失去了自由的彈性時間，一天之中的緩衝時間被剝奪。開放時間的元素消失了。

過勞的年代

由於缺乏留空，我們讓自己在生產力幻象中奮力衝刺完每一天。我們不去管每件事究竟有多少重要性，反正就是得做，整天像陀螺一樣轉個不停。有空隙的每一秒都塞進工作，甚至和票一樣「超賣」，大部分的時間不只安排一件事。我們在非得馬上去做的催促下，承受四面八方的日常壓力。然而，我們似乎不可能找出時間，解決事情多到做不完的問題。就是這麼可笑，我們忙到無法想辦法減少忙碌程度，接著在凌晨三點焦慮到失眠，獲得一天之中唯一沒安排行程的思考時間。

典型的職場工作日缺氧情形，一般像這樣（請下背景音樂〈大黃蜂的飛行〉）：手機鬧鐘響了，那是起跑的訊號。我們跳下床，一邊收信和瀏覽社群媒體，一邊差點踩到家裡的小狗或小孩。只有在幻想中，才有時間坐下來吃早餐。殘酷的現實是你一手抓了能量棒，另一手抓鑰匙，就出門了。接著**一邊**用膝蓋開車，**一邊**找播客節目，**一邊**趁紅燈停下時，檢查副駕駛座的小桌子上、當天第一場會議的PowerPoint投影片。下車後，衝進辦公室，加入壓力、恐慌與文書工作已經在跑的人流。即便在家工作，通勤時間較短，只需要從廚房移到工作的小房間，但不曉得為什麼，我們和其他的上班族一樣，依舊每天體驗著相同的瘋狂生活。

一天之中，有八小時、九小時、十小時（或是十二小時！），我們被大量的電子郵件、會議、訊息、報告與干擾所轟炸。只要停下一秒鐘，心中就會湧出不確定的感受，渾身不自在又焦慮。行事曆上有空白時——天啊，怎麼可以——我們塞進更多的待辦事項，堅定不移地認為，沒規劃行程的時間是一種浪費。我們整天忙得團團轉，最後奄奄一息地走回停車場時（或是回到住處），發出靈魂拷問：「今天忙了一整天，**所以呢？**」

「忙得要死」到底帶來了什麼，我們通常毫無頭緒。我們每天早上醒來後，很努力要大放異采，但卻缺乏讓火大旺的空間。我們在潛意識深處想著：「要是能三思而後行就好了。」「要是開口前先動動腦就好了。」「要是再度上工前，能先休息一下就好了。」

然而，我們辦不到，因為現代工作在我們耳邊擺著大聲公，催促我們往前走，只要中間稍微出現銜接的空檔，例如搭電梯或等電腦開機，我們就會拿起手機做別的事，填滿那個時間。你是否曾疑惑，為什麼加油站的機器要裝電視？因為加油站認為，萬一你在等加滿十二加侖的油時沒電視看，你會無聊到死。

此外，還有罪惡感的問題。我的客戶來自各行各業，不論其職稱或位階是什麼，有毒的莫名罪惡感都啃食著他們的心。我們感到內疚，居然還沒解決自己過忙的問題。我們內疚，誤以為只有自己長期進度落後。我們內疚太愛用 3C 產品，抱歉沒能阻止海嘯。我們不停反芻思考，認為自己忽略了家人，也擔心弄壞身體。我們感到恐懼，因為這輩子不斷努力跑在前面，卻沒什麼成就，前方是漫長又空虛的未來。

敏蒂正是這種模式的受害者，我幫她取了「花生醬經理」的綽號。典型的辦公室用品清單上不會有花生醬，但是對敏蒂來講，那個能隨手拿起的方正罐子，和耳機一樣不可或缺，因為敏蒂不吃午餐。這位雙眼炯炯有神的女性熱愛工作，她是頂尖的銷售員，販售營養針給無法進食的病患。敏蒂因為突破銷售目標，獲得升職的獎勵，但她卻告訴我，升官讓她的人生降級。

敏蒂的行事曆，先前只是風風火火，如今變成分秒必爭，否則會被土石流活埋。套用她的話來講，吃午餐像是「浪費時間的愚蠢行為」。敏蒂的辦公桌上，開始永遠擺著一罐花生醬，以免血糖過低。（太諷刺了，她的工作內容就是全力協助終端的使用者獲取所需的必要營養素。）

接下來，缺乏喘息空間明顯影響到敏蒂本人，她帶的團隊也受影響，與客戶交涉時開始出錯；敏蒂的健康亮紅燈，永遠在頭痛和失眠。團隊也一樣，明明奮發向上，擠出能工作的每一分每一秒，沒日沒夜地隨時在工作，但不管拚成什麼樣子，績效最多也就那樣。

皮特也一樣。皮特絕對懂火焰與氧氣的互動關係，他可是緊急救護技術員（EMT），受過急救服務的訓練，和火打了三十年的交道。此外，皮特精通壓力管理辦法，平日負責執行「壓力免疫訓練」（stress inoculation），協助現場急救人員逐步適應愈來愈困難的關卡，準備好接受生死一瞬間的任務。皮特也把相關技巧用在自己身上，認為就算碰上「會完全擊垮別人的複雜議題，自己照樣能挺過難關。」

然而，一間大公司買下了皮特擔任區域主管的小公司。新老闆帶來的龐大壓力，讓這個強大的男人也撐不住了。皮特開始一天收到兩百封電子郵件，緊迫盯人的上司會在星期日晚上十一點寄信，而且必須秒回。皮特表示自己的工作生活「有如洗牌一樣」，和家庭生活整個混在一起，最後因為壓力過大，呼吸困難，被送進急診室。我在輔導時，總會問相同的最後一個問題，而皮特的回答令我鼻酸。「你還有想補充的嗎？」皮特想了想後問我：「我只想知道一件事，這種日子有盡頭嗎？」

我遇過成千上萬的敏蒂和皮特。他們忙到爆，不管走到哪，都會一下子耗盡所有的空氣，一有空就塞更多事。這樣的人士，甚至大都不認為自己碰上問題，還以為工作一定就得那樣，心甘情願地接受。各位朋友，那就是最大的問題所在：我們同意這麼做，自己加害自己。

無所不在的忙碌

義大利的莫茁內（Motrone）有三十位居民——我家造訪的那星期，變成三十五個人。要去莫茁內的話，會先路過中世紀的城鎮盧卡（Lucca），穿越蜿蜒的五哩路，爬上樹林那一側的陡峭山坡後，才會抵達。那條雙向通行的小山路只有一輛車那麼寬，雙向會車的時候，其中一台必須小心翼翼貼近林中，好讓另一台車通過。冰淇淋車一天來兩趟，最好祈禱別在路上碰到它。

招待我們的 B&B 屋主傑夫與珍妮，在我們抵達的頭一晚，邀我們共進晚餐，也在用餐時刻分享他們的故事。傑夫十一歲時，離開英國的母親，跑到紐西蘭和爸爸住。傑夫當年是搭船去的，在海上待了七星期。有一天，他站在甲板上，覺得好孤獨，熱淚開始湧出。船上一名乘客要他振作：「孩子，別哭了，吃下這顆蘋果。」傑夫照做，也在那一刻長大了。

傑夫學會抓袋貂，一隻兩先令。很快的，同齡人中只有他闊氣到能在街角商店買奶昔請女生喝。傑夫嘗試過各行各業，但在某次造訪時愛上義大利，感到這才是他這輩子真正該做的事。傑夫在莫茁內當起農夫，和珍妮一起飼養羊、鵝和蜜蜂。

在莫茁內的超迷你村莊，沒有任何商店或餐廳。屋主夫婦早上七點就開始忙個不停，大喊救命，一直要忙到晚上七點。事實上，傑夫開車帶我經過危險的山路去採買火腿與起司時，一路上還在查看手機（沒錯，**那條**連會車都有問題的路），喃喃自語著：「今天忙死了，忙死了。天啊！忙得要命！」

忙碌無所不在。

海內外的人都很忙，男女老幼都很忙，甚至不管有沒有在上班都很忙。有一次我在休士頓演講，一名容光煥發的年長女士於會後找我說話。她所經之處，濃烈的香水味四溢，有如香奈兒的噴藥飛機降下煙霧，但她的行為舉止十分迷人。女士說我講的話振聾發聵，她已經努力慢下生活好多年，卻一直沒成功。我問她從事哪一行，怎麼會這麼忙。女士露出大大的微笑，有點自嘲地笑出聲：「喔，我退休了！」

經濟學家茱麗葉．修爾（Juliet B. Schor）大書特書我們的生活與工作是如何處於消費主義與時間壓力的陰影下。修爾認為我們選擇過著「表演式的忙碌」人生，[1]再也沒有「他們」在逼迫我們。從企業高層到綿羊農場主人，再到退休人士，我們已經完全**內化**了往前衝的步調與壓力。不論走到哪，我們會自動逼自己。然而，即便多數人被灌輸絕不能停下的觀念，但我們心中有一個小小的渴望：有一個好小好小、幾乎聽不到的聲音在說，請給我時間思考，一分鐘就好；我需要一分鐘的喘息時間。而有的時候，我們會獲得意外的啟發。

對待沉思的態度

想像一下，今天是星期日，沒有太多要補做的工作，可以專心把心力放在週間不可能做的困難任務。上班日太匆忙，要處理客戶的問題、回應客戶的需求，但太好了，今天孩子不在家，出去和朋友玩了。你的收件匣凝結在時光裡，四周靜悄悄的，宛如教堂。一旁沒有同事，也沒有任何干擾，你停下來整理思緒——因為這一刻你能這麼做。接下來，你展開一種非常特殊的工作，真真正正的工作。那種工作長期被排擠，因為你每天忙著處理危機、會議與緊急需求。這是你通常會在正式的工作日結束後，才會做的工作。

在這個不受干擾的環境中，你有空間思考，可以三思後再採取行動。你仔細思考問題，一旁沒人探頭探腦。當身體需要休息時，你便休息。心流的感覺太美好，僅僅兩小時過後，你起身伸展一下，原本需要週間好幾天才能解決的事，這下子搞定了。也難怪你火力全開，畢竟氧氣充足。

我們在平常的工作日，依舊可能捕捉到這種星期日的感覺。唯一需要做的事，就是多給自己一點思考的空間，奪回讓自己燃燒的能力——或是首度發現這樣的能力。第一步是主張「**思考是值得花時間做的事**」。

只有某個世代的人才記得，這曾是顛撲不破的事實。在那個年代，如果你看到老闆把腳翹在桌上，凝視著窗戶，陷入沉思，你會像看到響尾蛇一樣，先是愣住不動，接著緩緩往後退，決定還是不要打擾比較好。為什麼？因為大家普遍認為，思考時間有**價值**。看到他人在沉思，那時候的人和現在有著完全不同的反應。

現在，我要發起挑戰，請各位回想上一次你撞見有人在工作時思考，究竟是什麼時候？如果看到有人在思考，你會做什麼？來吧，在腦海裡播放完整的電影場景。你走到角落，看見同事在思考——和所有思考中的人一樣，目光呆滯，心思飄到遠方。你會不會找人幫忙急救？或是拍照放上推特？典型的壓力大的同事或主管則會感到失望，甚至是憤怒，立刻搖醒這個出色的思考者，叫他回到快點做事的當下，用稍微有點過大的音量碎念：「你現在應該做什麼才對？你現在應該做什麼工作？」

「思考」在今日變成奇事——甚至很丟臉。

然而，如果說……萬一同事獲得解放的心智，即將靈光一閃解決問題，或嘗試新方法呢？如果說差點就要想出來了，好點子即將誕生，能夠改善公司、開發核心產品或滿足顧客需求呢？這個世界永遠不會知道答案了，因為那位親愛的思考者被成功導回陰魂不散的收件匣，正在自豪地刪除垃圾信，向所有人展示：你看，我有在做事。

倘若做事和生產力真是同一回事，那麼的確，看起來有在動，才是在工作——但實情不是如此。工作有兩種，一種看得見，一種看不見。思考、衡量、推敲、轉換觀點、反芻、策劃、發問、想像——做這些事的時候，完全不需要動用任何肌肉，只看得到最後的結果，看不見過程。然而，想一想就知道，一直逼一直逼，揠苗助長，只會讓稻子死掉。在事情和事情之間，留下空間和思考時間，才能得出真正的成效，火才燒得旺。如同奧運運動員在每套動作之間有恢復時間，我們也必須制止自己不停出力，才能在長期勝出。我們需要允許暫停——而且在上班時間也要這麼做，不能只挪用私人時間。我們不能和公立學校的老師一樣，因為自掏腰包購買黏土和彩色筆，搞到破產。

當我們允許暫停，各方面都會獲得改善。寄出情緒激動的電子郵件前，先暫停一下，確認寫了什麼。感到疲憊、無法專注時，停下來並往椅背靠。兩場會議之間，抽離個幾分鐘，消化剛才得知的事，替下一場會議完全做好準備。替這樣的時刻留時間，將徹底改變工作的本質。

成功人士、暗中做與幸運兒

有些人已經在平時的工作日讓思考與暫停派上用場。第一種是高瞻遠矚的公司高層，他們判斷思考將是自己能做出的最大貢獻。這群人有行政助理，而且辦公室有門，閒雜人等無法輕易接觸他們，他們能替自己製造出時間。第二種人則偷偷做。情況不允許他們公開思考或暫停，不過他們知道那麼做有價值，於是偷偷加進思考或提振精神的時間，和老菸槍一樣躲在角落。

最後一種則是幸運兒——他們所處的工作環境，刻意製造出鼓勵思考的放鬆氣氛（通常是資深領導者以身作則，傳達相關的價值觀與行為，上行下效）。對這群人來講，花時間恢復元氣與發想點子很**正常**。有策略也很**正常**。回答問題前，先停下來思考才是**正常**作法。此外，由於每一個人都這麼做，所以不必害怕，也不必冒險。

所有的公司都能提供氧氣，增加人才的火力。這可以是由團隊推動的流程，而且一有機會就該這麼做。你一加入，就會感染這樣的氣氛。不過當然，也可以獨自做或規模小一點，效率會更高。

策略性停頓

敏蒂、皮特，以及世上每一位疲憊的工作者，你們缺少的元素是白色空間，或「沒指派任務的時刻」。那是一段讓我們有辦法再度呼吸、沒安排行程的開放時間——或長或短，事先安排或恰巧有空。白色空間一詞，源自看著日曆中未寫上事情的空間。你明白行事曆上那些沒被占據的時間，代表著那一天有多少可以開發的潛能。

我們永遠需要美好但違反直覺的白色空間——這樣的需求其實一直存在，卻因為日曆上排了太多事，收件匣又爆滿，再加上有壓力逼我們多做一點，因此我們一直無法留出那樣的空間。你可以稱之為空檔、緩衝、忙裡偷閒或預留寬裕的時間。如果能讓永遠在做東做西的生活出現白色空間，每件事都能好轉。

選擇中斷活動一陣子的策略性停頓，將能促使白色空間出現。停下我們正在做的事，白色空間就會湧進來。然而，停下來不是我們的強項，前進才是，而那正是問題所在。要是沒有策略性停頓協助我們進入白色空間，敏蒂與皮特一族的日子會像是圖1。

如果他們允許自己暫停，則像是圖2。

接著，他們便能有時間，利用暫停的時刻從事思考活動（圖3）。

一切看來言之成理，**既健康又聰明**（就連綜合格鬥場上凶狠的職業選手，也能在每回合之間喘息一分鐘）。然而，其他的事會擋路，**填補**那些空隙。我們選擇或被迫用無窮的活動，塞滿關鍵的開放空間（圖4）。

不論是身為個人的我們，或是我們的組織，那些填塞時間的活動變得根深蒂固，導致我們忘了起初有白色空間。如同皮特所言：「我太習慣一天的行事曆是滿的，只要看到有五分鐘空檔，心中就會有一股強大的力量，叫我趕快填滿。」

毫無停頓的生活與工作

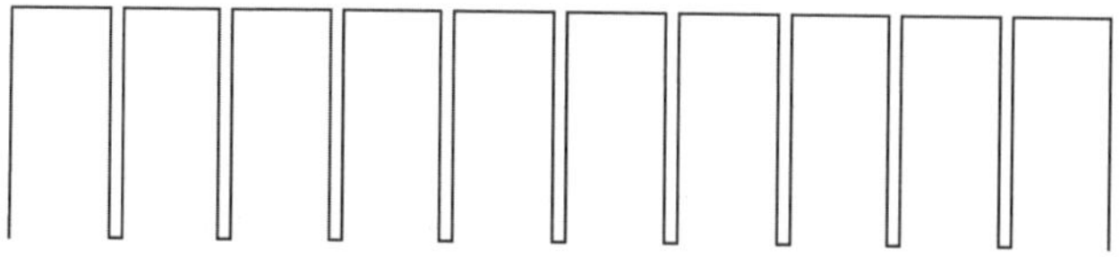

圖 1

有停頓的生活與工作

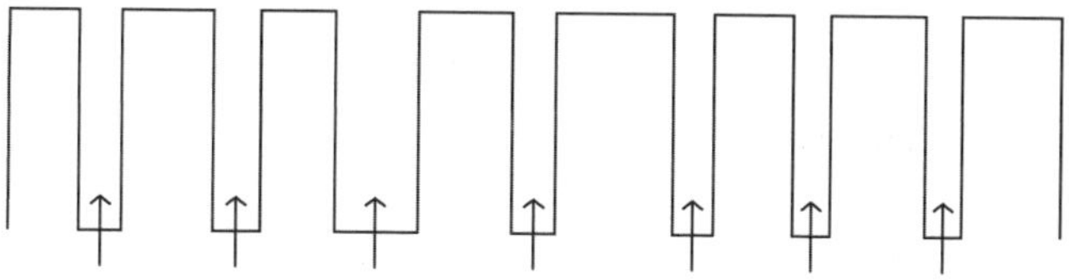

圖 2

停頓時做些什麼

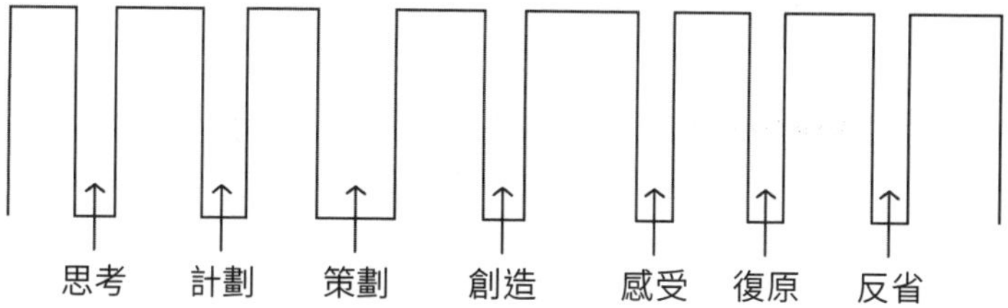

圖 3

想一想從車庫中清出的雜物，能讓人多麼心曠神怡。你絕對會在一堆節日裝飾品與紀念品中挖到寶，不過，你也將找到一項遠比其他都珍貴的東西——空間本身。站在剛清空的空間裡（或是剛處理完所有事的時候），你會立刻對一切的可能性感到興奮。寬敞的美好空間能釋放我們的能量，但太多人缺乏這樣的空檔。儘管如此，不代表永遠都得缺乏空間，我自己就碰巧找回來了。

話說從頭

我首度體驗白色空間時，正在吃什錦生菜沙拉，而且是神聖的沙拉。我們家是世俗派猶太人（吃貝

暫停時間塞滿的事

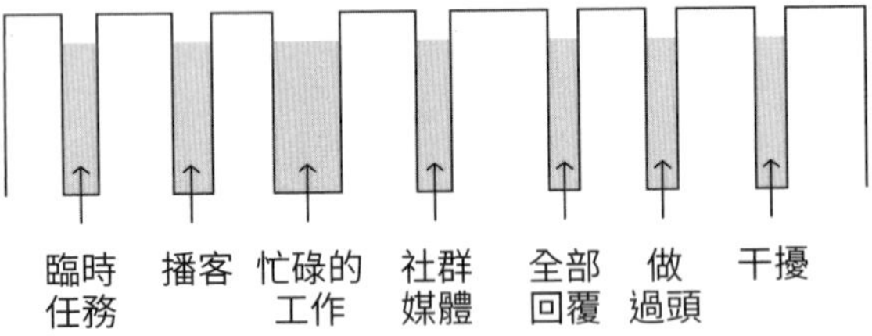

圖 4

果，但不點蠟燭），不過我三十出頭時，實驗過遵守某種版本的安息日。比較有在信教的朋友，教了我安息日的基本原則。如果是嚴格遵守教規的猶太人，星期五到星期六禁止做很多事。為了真正暫停所有的勞動，安息日不能工作、不能開車、不能消費、不能打電話、不能開燈。在每星期的這段二十四小時中斷時間，你不能以任何方式改變世界或自己。你可以吃東西、唱歌、大笑、愛人、睡午覺，但不能忙著改善現況、達成偉大志向或打造事物。安息日教你停下來。知易行難，不過難雖難，我的確感到身心舒暢。

每逢星期五，我會和一群朋友聚會，共度「沙拉安息日」。我們輪流當主辦人，主人負責提供甜酒、超大碗的生菜、猶太節日吃的哈拉麵包（challah；葡萄乾永不缺席）。客人則提供配菜和創意醬汁，讓生菜瞬間化身大餐。我們是一群愛吃鬼，大家會貢獻好東西，在各種綠色蔬菜上加上布拉塔起司（burrata）、川燙過的新鮮豆子或燻雞。我永遠會先用超燙的熱水澡洗去一星期的壓力，換上舒服的褪色牛仔吊帶褲，不施脂粉，不戴首飾。沐浴更衣成為我展開安息日的儀式，暫時抽離這個世界。

我就此愛上空白與自由——那種帶有即興、純粹與逃離的感覺。猶太拉比赫舍爾（Joshua Heschel）形容得很好，他說安息日給人的感受有如**時間的城堡**，[2]我們可以躲進去避難。對我而言，從很多層面來講，安息日確實是庇護所。

我剛開始擔任專題講者時，二度有所體會。當時，我演講的主題包含溝通技巧與時間管理。聽眾會跑來找我，哀嚎時間表塞得很滿。我們會一起研究他們的紙本行事曆，找出抵禦忙碌的第一道防線——**待辦事項之間實際存在的白色空間**。我知道行事曆上不能沒有留白處，但很少人有。

當時的我已經體驗過「無事一身輕」的時光能有多美好。我深知在工作與生活中，沒安排事情的時刻是多麼重要。到了二〇〇五年，我因為升格為母親，再度發現白色空間能帶來的創意與策略可能性。我有三個年齡分別差兩歲的可愛兒子，他們的藍眼珠充滿好奇心，只可惜小傢伙白天是天使，晚上是惡魔，永遠不肯睡覺。大人因此每晚都會陪他們躺在一起，直到他們終於進入夢鄉。（你是否聽見世上的每一個祖父母正在呻吟？）我有一次算了算，我這輩子大約花了三十五萬三千三百三十分鐘，在漆黑的房間裡等著小寶貝睡著。

想不到的是，那些等孩子睡著的時間，大大豐富了我的職涯。我被困在沒有分心事物的安靜時刻，什麼都不能拿，只能握著孩子軟乎乎的小手。我躺在原地，腦子開始轉，想到的通常是工作上的事。我想著公司的事業目標、我們要解決的問題，還有要寫的新內容。等孩子睡著了，我會拿開我放在他們背上或肚子上的手，一次提起一根指頭，接著躡手躡腳走出去，有如逃跑的囚犯試著不驚醒打瞌睡的獄卒。接著，我會**迅速行動**，尋找紙筆，因為在剛才被迫想事情的時間，我想到了銷售策略、新產品的設計點子，以及我想做的客戶溝通。白色空間帶給我的第一份工作禮物，在黑暗中降臨。

接下來幾年，我傳授與書寫我學到的事，白色空間的概念逐漸成形。我在摸索架構與作法的過程中，在各種層面上體驗到白色空間的種種好處，包括寧靜（安息日的白色空間）、效率（行事曆的白色空間）與創意（困在床上的白色空間）。只要身體力行，幾乎都能體會到花時間抽離與思考的好處。我自己的職業生涯開始完全投入白色空間的概念，白色空間日後也成為我們公司的主打。我們親眼目睹白色空間帶來的好處。過時的概念認為，沒填滿的時間是敵人，但當人們掙脫這種概念後會發現，花一分鐘思考能帶來驚人的強大工作助力。

短期暫停與長期暫停

執行長馬祺（Mitch Barns）是白色空間的受惠者。一旦他了解白色空間「不是一種放縱，而是策略性停頓」，便允許自己思考。真正說起來，這不是怠惰、偷懶、拖延、打混，也不是在打盹、小睡、閒晃，而是**策略性停頓**。當你的一天出現白色空間後，你將點石成金。

若是提振工作的策略性停頓，可能是在筆記本上塗鴉一小時；也可能是團隊一起在白板前即興發揮；或是高層花點時間，替公司規劃未來五年的走向。

抓住機會短暫停下，威力無窮。如同沒幾克的松露就價值連城，各種零星的暫停也很寶貴，包括剛完成一件事，花幾秒鐘選擇要做的下一件事；會議結束後整理心態，準備好開下一場會議；又或者是對話時，在想好接下來要說的話之前，不害怕有冷場時間。白色空間有如你桌上的一杯水，究竟要在何時何地喝一口，你有無窮的選項。

在我們「無縫接軌」的匆忙生活中，更深入、時間較長的停頓則較為罕見，但如果能有這樣的停頓，將帶來正面的轉變，包括三十分鐘的思考時間；一小時的策略擬定；

不受干擾的一個晚上、一個週末、一場休假，甚至是令人羨慕的聖杯——暫停工作一陣子。即便你一開始必須偷偷溜走，才能有這樣的時間，但這些是很好的目標。

東尼・卡蘭卡（Tony Calanca）沒偷溜，我不確定他有沒有辦法偷溜，畢竟這位人好心善的貿易展高層，身高足足有二〇三公分。「如果你不拒絕，這一行會吞噬你的生活。」東尼一年要籌辦八十場貿易展，背負的壓力永遠巨大無比。他生動地描述：「就好比你伸手抓住電線，電流竄過全身，你無法鬆手。」

東尼是白色空間的信奉者。他最近要協商的重要合約條款，將牽連整間公司，金額達數千萬美元。東尼最初心想：「就照去年那樣好了。」然而，他在策略性停頓後決定：「還是不要照舊好了。我會在行事曆上安排時間，坐下來好好想一想。」東尼因此替自己安排六個時段，時間從三十分鐘到二小時不等。他的深潛行動包括有明確目標的研究，外加與同事、合作夥伴展開重要的對話。在眾人的協助之下，東尼替公司省下數百萬美元，人人滿意，超出預期。並不是每個人都會投資這樣的白色空間時間，但光是願意停下來想一想，就能改變計畫的方向。

無論時間長短，策略性停頓永遠不該被誤認是公司的工具，而是**每一個人**的。法蘭克・瑞德（Frank Reed）是美西一座小山城的家庭醫師，他說自己在行醫時重視停頓，因為如此一來，「你在進入下一刻時，不會帶著前一刻的烏煙瘴氣。」瑞德醫師超前於時代，規定任何在午休時間工作的人一律扣錢，因為他希望每位醫療人員都能在精神良好的狀態下，面對下午的病患——這個政策果然有用，大家由衷感謝。瑞德醫師要實習醫生在走進任何診療室之前，先在門口站個三十秒，調整好自己的身心與情緒。他的徒弟表示，在三年的實習期間，這是他們學到最有價值的一件事。

不論走到哪，我們永遠有機會停下腳步。我誠心希望各位能擁抱停頓，不過，各位親愛的讀者、諸位未曾謀面的好友，我知道你們深陷泥沼，也知道改善狀況有多難。外頭有太多挑戰性十足的新慣例、新習慣、新作法，我們感到應該跟隨那些潮流，好讓自己能進步（言下之意是我們目前尚未去做），不過千頭萬緒中，你只需做到一件事，就能享受白色空間帶來的自由：**策略性停頓**。

你要找時間進行策略性停頓，製造策略性停頓的機會，允許策略性停頓。生活中的每一天，只需要很短的一剎那，你就能煥然一新。你可以完全停下，或暫停個一秒、五秒，只要有機會，就在房間裡閒晃一下。

就算你日後放棄本書提到的一切工具與技巧，忘掉我這個作者叫什麼名字，把書送人了，或是把電子檔刪掉了，全都沒關係，你只要做到一件事**就贏了**：養成每日策略性停頓的習慣，就和刷牙一樣，天天做。每當你不免被工作的洪流沖走（這種事將會發生），就瞬間讓自己回到現在，提醒自己已經一連忙了好幾個星期，中間沒有任何的休息，沒有任何停頓——你意識到狀況是這樣，停下，意識到問題，停下，不斷循環。**一天要停頓多少時間？**由你挑。**要用計時器嗎？**就用吧。**可以大家一起策略性停頓嗎？**當然可以。

每一天，日復一日，策略性停頓。

缺席的元素

記住：

- 我們的工作與生活缺乏白色空間的元素，有必要替過忙的生活注入氧氣。
- 我們在過勞的年代生活與工作，這個年代的步調和壓力奪走了白色空間這項元素。
- 用永無止境的事，填滿一天中自然冒出的空檔，將堵住你的白色空間。
- 在生活的節奏中加入策略性停頓後，將能進入白色空間，有時間思考、反省、休息與發揮創意。
- 當你允許自己停頓，每一件事都會好起來。

問自己：

- 「上一次我允許自己有一段沒安排事情的時間，不帶罪惡感，是什麼時候？」

CHAPTER 2

信奉忙碌的偽神：工作到底哪來這麼多事

“工作不是大胃王吃派比賽。”

無數的情況都把我們推向忙碌的懷抱。不論走到哪，身旁的人都在讚揚過度工作。迷人的科技誘使我們過度工作。犧牲小我、完成大我，大家都會說你是好隊友。不過，對於忙碌工作的推崇其來有自。我們必須了解缺乏白色空間的明確原因，還得小心因此付出的代價。把我們帶向過度工作的電動步道，主要包括「永不滿足」、「從眾」與「浪費」，這三大魔王剝奪珍貴的氧氣，我們甚至不敢妄想要把暫停加進生活中。

永不滿足

許多大學生考試會臨時抱佛腳，凌晨兩點盤腿坐在宿舍，吃著從宵夜攤販買來的口袋披薩，喝著 Yoo-hoo 巧克力飲料。在十二小時內，一次往大腦塞三個月的課程資訊。天文通識課的出席率並不高，修課的學生用一個晚上彌補，有如被灌食要製成鵝肝醬的鵝，死命塞進考試內容，直到腦子快要爆炸。塞完後，為了不打翻剛才塞進腦中的成堆知識，躡手躡腳地輕輕躺在床上，睡一兩個小時，祈禱能撐過考試，接著在考完一星期後，便把內容忘個精光。

許多人畢業後依舊沒改掉這種惡補的習慣，只不過我們如今每一天、每一年、一輩子在準備的考試，濃縮成一個問題：「**我做得夠多嗎？**」我們用加法過日子，在行事曆不停塞進額外的工作、事情與答應別人的事，花花綠綠一大片。問題是「**我做得夠多嗎？**」，其實問錯了問題。

我在同事和客戶身上看見，大家試著遵守社會價值觀，把追求數量當成值得自豪的事。所有人都很努力，勤奮工作，致力於帶來真正的貢獻。他們相信永無止境的爬山是必要的，而且是正確的——總有一天會抵達某個地方，獲得獎勵。領袖也聽見誘人的呼喚：「再多一點」，於是拚命追求成長與競爭優勢。不用說，總收益與利潤自然是多多益善。

在個人層面上，愈多愈好的壓力所造成的結果，就是我們擁有太多雙鞋，儲物空間裡塞滿各種買了沒用的家電與 3C 產品。我們那台荒原路華（Range Rover）高級車，化身為必須不斷餵食的怪物。各種消費欲望讓人迷失，葛雷格就是這樣的例子，他談到自己是如何為了房子，導致生活被吞噬。葛雷格想讓妻兒住在漂亮的大房子，但為了住這種房子，他每天必須通勤兩小時。許多家庭由奢入儉難，不肯放棄高級的生活風格與社會地位，不過葛雷格的家人明確告訴他，他們只想要有更多共度的時間。然而，葛雷格的例子是他本人放不下；他離不開漂亮的房子與車子，那是他證明自身價值的方法，每件事因此付出代價。

房地產界有一個專有名詞，叫做「外觀吸引力」（curb appeal），意思是站在房子前面快速瞄一眼的時候，看起來愈漂亮，吸引力就愈大。如果門廊上擺著木頭搖椅，玄關垂吊著翠綠九重葛，充滿家的溫馨感，你就永遠不會注意到房子的地基裂開了。工作的世界也一樣，有些人會卯足了勁，好讓自己光鮮亮麗。

我認為工作版的外觀吸引力，是個人、團隊或公司外觀的樣子對比他們的真實處境。誰知道哪一個才是真的？我們和人社交時，經常希望能有亞馬遜人的那種小吹箭，裡面裝著吐真劑，可以讓對方閉嘴，不再吹噓成長與收益等各種聽著就很假的故事。事實上，我見過老闆們私底下的樣子，沒有任何一個執行長、企業或創業者，真的會和網路上歌功頌德的故事一樣。然而，他們當然喜歡自己被包裝的模樣，感覺上更成功、更快樂、更聰明、工作更勤奮（和我們比起來）。這種看上去的美好，是基於相當膚淺的觀察，助長了「永遠還不夠」的渴望。

追求「更多」的道路無法永續。如果人們無法擁有人道的合理工作流，便會受影響，減損身為人力資源的價值。職業倦怠是真實存在的問題，帶來史上前所未有的重大威脅。蓋洛普（Gallup）調查告訴我們，百分之二十三的工作者多數時候都感到倦怠，另外還有百分之四十四的人偶爾也有那種感覺。[1]勤業眾信（Deloitte）發現，現今有三分之二的員工感到「力不從心」，高達八成的受訪者希望減少工時。[2]我們必須想像與創造不同的工作世界，致力於把「**少一點**」納入計畫。

少，能帶來解放。少，能帶給我們暫停的可能性。少，能帶來更聰明、更有生產力的工作方式。日本微軟進行內部調查，研究一週改成工作四天的影響，結果生產力增加百分之四十，間接成本下降近四分之一。[3]科學家達爾文與文學家狄更斯都是一天工作四到五小時，[4]卻分別寫出十九本書和二十一本書（有時間寫信、吃社交午餐，中午還能散很長的步）。如果我們給予機會，少，可能是新的更多。

有些公司已經把「少」納入營運計畫。琳達．盧瑟芙（Linda Rutherford）在西南航空（Southwest Airlines）待了二十八年以上，目前擔任通訊長。琳達告訴我，西南航空在全球獨一無二，只有一種機型：波音七三七。[5]這個決定起初是為了省錢。波音七三七生產過剩，物美價廉，對於剛成立的西南航空來講是有利的投資。不過，琳達也談到，接著每個人想到：「等一下，這樣很好。這下子我們訓練空服員、機師和技工，只需要訓練一種機型。我們的維修庫存可以只囤放一種機型的零件。」西南航空選擇了「少」，帶來了簡化與效率，以及隨之而來的一切好處。

有的公司甚至選擇少賺一點（天啊！），以提供更理想的員工體驗。In-N-Out 漢堡是美西大受歡迎的速食連鎖店，我和他們合作時，看見振奮人心的例子。每一份令人流口水的漢堡、薯條、奶昔，全是現點現做。多年來，由於老顧客能享受「祕密菜單」（今日沒那麼祕密了），In-N-Out 養成了一批死忠的追隨者。

In-N-Out 的其中一個特徵是公司對員工很好——好得不得了。

我請 In-N-Out 的執行副總裁亞尼．溫辛格（Arnie Wensinger）解釋為什麼公司要花大錢獎勵員工和家屬，帶他們享受奢華的旅程。溫辛格直言，In-N-Out 是未上市的公司，也因此更能照自己的意思，選擇表揚員工的好表現，不必一味追求最高利潤。溫辛格說了一句讓我難以忘懷的話：「利潤好是很好，但沒必要榨出每一分錢。」

傑森．福萊德（Jason Fried）是專案管理軟體公司 Basecamp 的執行長，他在經營自己得過獎的公司時，理念是適量的「少」比較好。誠如他所言：「恣意會變成妄為。」[6] 福萊德在《工作不必搞成那樣》（*It Doesn't Have to Be Crazy at Work*）一書中寫道，他的團隊在夏天時，一星期只工作三十二小時，因為在排球季少一點工作，能讓人感到像是充了電，心生謝意，注意力更集中。此外，Basecamp 的目標是成為一間「從容」的公司，盡量不開會，以免打斷工作。員工能在一大段不受干擾的時間內，快速開發軟體。Basecamp 是奉行各種「少」的空間——少一點混亂、少一點階級，還有套用福萊德的話來說，少一點狗屁倒灶的事。

以上兩間公司都是刻意做出那樣的選擇。他們創辦公司時，依據的是簡約、合理與自制等價值觀，而且真正去實踐。那些觀點令人耳目一新。明白能自己做決定，即便和一般的作法背道而馳也沒關係，實在是太棒了；我們全都需要這樣的設計自由。然而，如果要讓自由發揮效用，我們必須克制自己正好相反的傾向——我們和自殺的旅鼠一樣，為了追求永無止境的目標，在尋求「更多」的路上，想也不想就集體跳下懸崖。

從眾

我們無法允許自己少做一點、定期停下來，原因是一起這麼做的人不夠多。從眾是我們缺乏白色空間的重大原因。從眾的微妙之處與影響，問我的父親艾倫．方特（Allen Funt）就知道。如果各位在一定年紀以下，便不會記得他是誰，但他主持的電視節目

《隱藏式攝影機》（*Candid Camera*）開創先河，觀察路人在設定情境下的反應。好幾個世代的家庭會在星期日晚上，準備好一大碗爆米花，一起看最新一集的節目。《隱藏式攝影機》不同於日後相同類型的節目，他們會和民眾一起笑，而不是嘲笑民眾。我父親和他的觀眾一樣，深愛那個節目。他會獨自看著剪輯影片，笑到摔下椅子。

《隱藏式攝影機》最有名的捉弄環節是「面對後方」（Face the Rear）。節目安排的演員會搭乘電梯，等著真正的路人進電梯。接下來，幾位演員會按照劇本，轉身面對電梯後方，此時不明所以的路人，也會跟著面向後方。再接下來，幾位演員轉身面向電梯左方，路人也會跟著轉到左邊。演員摘下帽子，路人也會拿下帽子。

這種潛意識的模仿有一個專有名詞，叫做「社會從眾」（social conformity）。[7]大家怎麼做，我們也會跟著做。如果下班時間到了，但所有人繼續加班，我們也會留下來。假設每個人都像啄木鳥，每一秒都在按收信鍵，我們也會跟著不停收信。倘若有同事蒐集大量資訊，我們也會累積愈來愈多的數據。這個回饋迴圈不斷反覆循環，你做，我也做。同事愈跑愈快，從不停下，我們也會模仿他們狂奔，而同事看到我們在跑，於是他們也不能停下。

此外，社會從眾效應被各種洗腦行為放大。這裡講的洗腦，不是政治小說《滿洲候選人》（*Manchurian Candidate*）或寫下反烏托邦小說《一九八四》的歐威爾（Orwell）談的那種，也不是任何蓄意的惡意；但如果你認為，工作者沒有被「非自願地重新教育」看待世界的方法，那代表你沒真正上過班。聰明人會在不曾察覺的心理轉換中，開始習慣與容忍不合理的事。

以任職於大型會計事務所的德馮為例，德馮是資深高層，無疑位高權重，他是公司的管理者。然而，德馮默默接受了無法喘氣的每日行事曆，一件事接著下一件事，連去趟廁所都很難。德馮告訴我，他前一天是怎麼開會的：行程表上有同一個專案的四場會議，每場會議都要說服一群人，然後開下一場，層層上報，獲得批准。真要講的話，德馮是高層，他其實只需要參加四場會議中的最後一場，但團隊希望他每場都出席，而德馮沒有拒絕。到了第四輪的報告，德馮已經萬分熟悉簡報內容，甚至可以對嘴講出來。然而，他照樣乖乖坐在每一場會議上，有如從小被圈養的大象，身上明明只綁著一根細繩，隨便就能掙脫，卻感到無能為力。一名掌控公司大權的領導者，怎麼會如此浪費自己的時間？答案是過度工作的邪教，讓人明知飲鴆不能止渴，還是不得不跟著大家一起喝。

要求你必須在場的這種事，高度從眾，威脅到白色空間。每次我的公司雇用待過這種典型企業環境的員工，永遠看得出這種工作方式留下的傷疤。這類同仁無論大小事都會寄郵件副本給我，整體而言必須想辦法適應我們「只問結果」（Results Only Work Environment，簡稱ＲＯＷＥ）的公司文化。也就是說，我們只關心結果，不過問員工在何時何地工作。不管他們究竟要在週末、週間、晚上或是早上工作，就算他們上天下地帶貓帶狗，甚至以倒立姿勢工作，我們全都管不著。

某位團隊成員的轉變，令我印象深刻。那位新同仁有著極強的工作紀律，家中有兩個年紀尚小的孩子。她在加入我們的第二週寫信問：「我星期四需要帶女兒去看小兒科醫生，可以嗎？」我回信的時候，只在主旨欄上寫著「ＲＯＷＥ」，附帶一個微笑表情。接著她又問我：「我和先生要慶祝結婚週年，我們考慮或許來一場小旅行。」我回信：「ＲＯＷＥ：來杯香檳吧。」這位新成員在好幾個月後，才打破先前根深蒂固的上班習慣，不再朝九晚五，而是靈活運用時間。

從眾與洗腦導致我們必須在企業的飢餓遊戲裡，搶占能在別人面前吹噓的權利：「我昨晚工作到凌晨兩點。」「我不需要午休時間。」數不清的工作人士要自己堅強，忍受逃脫不了的痛苦命運：工作只會愈來愈忙、工作量只會愈來愈重、令人沮喪的事一樁接著一樁……永世不得超生。

獲得白色空間的基本步驟是停止模仿，不再是別人怎麼做、你也跟著做。你停下來，別人也會停下來。社會從眾的研究先驅所羅門．阿希（Solomon Asch）發現，在小團體中，光是一個人站出來反對多數人的決定，從眾程度就能減少八成。如果是大團體，單一異議者的影響力則沒那麼大——但絕對還是有差。假如你在業界資歷尚淺，或是因為其他理由，感到無法發揮這樣的影響力，那你可以把目標調小一點，但不要放棄。如果說你、你的團隊或你的部門，因為你勇敢又有智慧的選擇，帶動了正面的從眾呢？倘若你讓自己一天之中有氧氣可燒，提供一位小組成員好榜樣，接著你們一起讓全組的人都採取這樣的思考方式呢？假若你率先踏出第一步，讓身邊的人一起做對大家都好的事呢？

浪費

如果說「永不滿足」限制了暫停的「量」，「從眾」阻擋了暫停「普及的程度」，那麼浪費則和「笨」有關：被迫做低價值的工作，將是最令人遺憾的無法暫停的原因，因為除了代價高昂，還很折磨人。

《哈佛商業評論》（*Harvard Business Review*）以「官僚程度指數」（Bureaucracy Mass Index，簡稱 BMI）評估企業的「官僚僵化」程度，[8]最後發現平均百分之二十八的工作時間（也就是每週不只一天），花在官僚性質的瑣事上，例如參加冗長的會議、配合內部規範、取得批准、準備沒必要的報告。這些都是極度典型的工作情形，但「典型」和「最佳化」不是同義詞。即便你花在打電動的時間屬於「典型」的青少年情形，我仍然會擔心你。就算你的旅館房間提供「典型」的插座數量，那還是太少了。

要是找願意說實話的人聊，他們會坦承，那些沒意義但不能不做的事每天帶來的壓力，就快要讓他們得心臟病，但他們依舊每天英勇赴義，早上努力擠出笑容去上班。這種需要忍耐的悲慘工作方式，將帶來沉重的企業成本，留任率、士氣、員工滿意度與向心力都會遭受打擊。此外，當事人也會付出非常實際的代價——健康受損，活得不快樂，工作與生活無法平衡。人們實在是跟不上苛刻的職場要求，也想像不出如何逃離這樣的牢籠。

忙碌的隱藏成本

假如檢視企業與個人受到的影響，還不足以促使我們改變，那就來算一下帳。錢是共通的語言，就忙碌工作這個主題來講，我們不聽不行。企業把旗下的人才逼到極限，終日以最高速運轉，卻要他們做一些沒什麼價值的事，等於是把錢丟進水裡。然而，企業不會去計算這種事，也因此一切都不會改變。損益表上列出的虧損，不會納入「開會有夠無聊，我玩起猜字遊戲」或「盡心盡力準備沒人看的投影片」。這一類的事相當浪費人力，但被默許。我們就像穿越高速公路的負鼠，一路晃過去，卻沒注意到自己是如何影響人車安全。我忍不住會想：「我們需要當頭棒喝，要真的痛，才會覺悟。」而我發現若要帶來像踩到樂高積木的那種椎心之痛，最好的辦法就是拿出計算機。

舉例來說，你雇用了新的營運長漢娜，年薪十萬美元。不論她的時間是花在有價值的事，或是單純浪費時間，你都得付她那麼多錢。假設漢娜一天中的每一秒全用在有意義的工作，替公司帶來革新，榮獲業界獎項，股東開心到在會議桌上跳起瑪卡蓮那舞——你一年要付漢娜十萬。如果取而代之的是漢娜有一半的時間浪費掉，在密密麻麻的收件匣叢林裡漫無目的地行走，另一半的時間則出席隨便召開的會議，在會上一心多用，你照樣要付她年薪十萬。實情如下（圖5）：

若要讓人才一展所長，就必須曉得這些成本的存在，做決策時納入考量。我的公司多年協助各家

漢娜的時間與成本

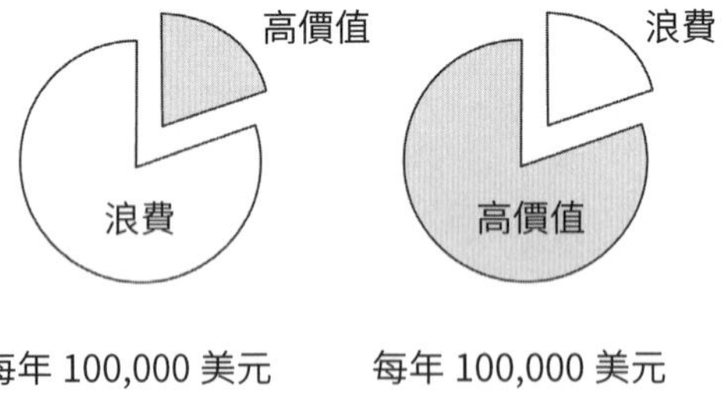

圖 5

組織計算低價值工作的價格標籤。如果是中型的財星百大（Fortune 100）公司，我們會先拍下「改造前」的快照，當成基準線，找出我們替組織減少了多少浪費。我們會徹底走一遍成本分析，利用薪水數據來判斷每小時的價值。我們檢視各種浪費時間的領域，例如：隨意召開的會議；寫信與回覆不必要的電子郵件，包括「回覆給所有收件人」和「副本」；額外的通訊，包括網路聊天、即時通訊，以及其他的數位管道；製作無關緊要的投影片與報告；一時興起，打斷彼此（再度進入專注狀態需要一段時間，也因此是時間上的浪費）；以及與工作量過多相關的離職和留任成本。平均而言，拉拉雜雜的工作所導致的成本為：**每五十名專業人士，每年超過一百萬美元**。

這裡給各位一點時間消化這些數字。我希望你會感到有點生氣，尤其如果你是發薪水的人；你要是真的生氣，那就太好了。製造業永遠不會容忍這種程度的缺乏效率。工廠的浪費率如果那麼高，早就警鈴大作，響起《不可能的任務》配樂，精實／六標準差（Lean/Six Sigma）的顧問攀著細繩從天而降。然而，假如是知識工作者的職場，我們會聳肩告訴自己：「又能怎樣？上班就是這樣。」

事情不一定非得如此。必定得做的工作太多，早已精簡人數的團隊做不完？「你說的事辦不到。」你抗議：「我們已經讓九個人做十四個人的工作。」然而，你的團隊其實有潛在的頻寬——用錯地方的頻寬，可以釋放出來。如果說，你能把工作量縮減成九個人做九個人的工作呢？如此一來，團隊將能完成工作，甚至還能獲得一點白色空間。能讓專業人士受益的辦法，將是詢問會有點坐立難安的問題，不再無動於衷，轉而打破僵局，例如：

- 按照員工價值來算，讓公司人才忙著做低價值的事，隱藏的成本是多少？
- 我們的團隊因為過度忙著做錯誤的事，錯過哪些創新、問題解決或顧客服務的無價機會？
- 如果我們的銷售人員行事曆上有空間，偶爾能抽出時間，更深入地思考每一位客戶的情形，這將能如何提升他們的成交率？
- 如果身為領導者的我們，把不需要親自做的決定交出去，空出來的時間能拿來做哪些事？

另外，別忘了問最後一個問題——這個問題完全是在問你個人付出的人生代價。你是否願意問出口，並且勇敢地偷瞄一眼答案：**你過著什麼樣的生活？**工作帶來的瘋狂咖啡因之旅，可能是征服世界，但同時也可能是徒勞無益。你過著什麼樣的生活？如果你和我、我的客戶一樣，那麼你付出了某種代價。後悔是很難受的情緒，卻能協助我們修正路線。

全是磚頭，沒有砂漿

許多人讀到這，發現還真是這樣沒錯。你現在明白自己和同事沒空思考，無法在每一天都拿出最好的表現。挪出空檔感覺是必要的，但目前做不到。別擔心，我會幫你，會有那麼一天的，但首先要避免誤入幾種歧途，以免違反該聆聽的直覺，在大型組織工作尤其要注意。

大公司解決相關問題時，會把目標的標題訂成「簡化」、「效率改善」或「生產力訓練」，展開千篇一律、主要與後勤有關的各種調整。首先是組織重整，然後重整、重整，再重整，只可惜玩大風吹並不會改變人們的工作方式。

接下來，領導者通常會從簡化作業的方法清單中挑一個，而那個辦法又和組織重整一樣，通常和後勤有關，例如技術升級、自動化，以及某種精實／六標準差或標準化作業。此類調整中，每一種絕對都有其價值。後勤改革是「**磚塊**」，磚塊疊起了效率之屋。

然而，大部分的公司忘了塗上「**砂漿**」這個配套的原料。行為改變是砂漿。少了砂漿，整棟房子會不牢固。如果你的團隊成員不懂如何拒絕不必要的要求，寫東西無法簡明扼要，或是克制不了衝動，沒事就喊一下別人，害同事無法專心，那麼就算你執行一萬年的後勤改造，也無法達到高效率。

企業砌磚時不塗砂漿，倒不是因為屢試屢敗，而是從來沒人告訴他們砂漿很重要。柯瑞・魯威斯（Corey Rewis）是某全球保險公司的學習長，他分享了一個我常見到的作法。他的前東家改良工作流程的組織策略是舉辦競賽，員工可以投稿簡化企業的點子，如果出現省時省力的改善，就能獲得獎金。過去三年間，公司採納了許多正向的建議，包括簡化表格和文書作業、減少客戶追蹤軟體的欄位、試算表計算自動化，以及其他數十項後勤改善。然而，當我問柯瑞，那些建議有多少項和行為有關，即設法改變人們做事與互動的方式，柯瑞卻愣了一下。我看出他的大腦瞬間想了一遍那些作法。他露出微笑，回答一項都沒有。磚是疊上去了，但沒抹砂漿。

許多企業做出的最接近行為面向的改變，是進行缺乏基礎、東一點西一點的介入，這很容易有副作用。我可以跟你打賭，你們公司一定試過以下幾招，包括星期五不開會（No Meeting Friday；這太經典了）、開課教大家寫電子郵件、限制簡報張數，以及公布各種做成海報很漂亮、但只是喊喊口號的企業核心效率規定或價值觀。

這種一次性的改革，有著太容易預測的生命週期。第一個月，人人都奉命行事，星期五不開會。第二個月，每個人開始小聲說：「我知道今天是星期五，但這個會**真的不開不行**。」到了第三個月，星期五不開會政策的遺跡，只剩下星期五開會的時候，大家會開玩笑，不是說星期五不開會嗎？團隊歷經這種模式之後，會比政策失敗還糟，因為你製造出不怕抗生素的細菌。你每公開打輸一場「工作不要那麼忙」的戰役，人們就愈認為那是在痴人說夢。你已經證明不值得花力氣嘗試，不要妄想反抗了。

當局者迷，旁觀者清，而我就是那個旁觀者。我這輩子沒當過企業員工，我的工作是和組織裡的「地方人士」合作，我因此抱持愈來愈深的同理心，得以用客觀的雙眼，認出一閃而過、企業看不見的逃生出口標示。我看得出要如何改善情況，各位很快也會具備這樣的能力——協助你加上砂漿（行為改變），強化磚牆；此外，還帶給你可以分享的參考架構，讓大家一起這麼做。

有可能成功

有些企業「地方人士」有優勢，願意誠實看著眼前發生的事，也願意照鏡子反省。凱文便是其中一人。凱文是人人都想要的銷售上司，他會關心你、同理心強、你的事就是他的事。凱文標準很高，員工也全力以赴。然而，在凱文的部門展開白色空間計畫的第一天，他必須面對殘酷的事實：團隊的專注度與滿意度不如想像中高。我還記得凱文當時的表情。我們請他旗下的主管填問卷，凱文一動也不動地看著最後的問卷結果：

「你們之中有多少人，每天工作時感到壓力大？」答案是無法否認的百分之百。凱文替公司效命數十年了，他冷靜地抬頭告訴我：「如果我解決不了這個問題，我辭職。」

凱文的團隊一起努力採取新心態，在每一個接觸點應用白色空間的觀點。他們制定零容忍政策，不接受任何無意義的工作，例如取消某份月報。團隊發現，為了做那份報告，一年總共要花一千兩百小時，占一名全職員工百分之五十八的工時。團隊用「最佳成就」取代那份月報，每人每個月只需要三分鐘就能填好。

接下來，團隊奮力保護新釋出的時間，因為他們知道一定會有其他亂七八糟的事立刻占用那個時間。儘管其他部門的同事無法理解為何要這麼做，並抱怨無法在那段時間找他們處理事情，但團隊就此把早上八點到九點訂為整個部門的思考時間。此外，團隊在兩場會議之間留下緩衝時間，嚴格遵守二十五分鐘或四十五分鐘之內就結束會議的規定。一年後的追蹤調查顯示，除了其他的好處，團隊的壓力下降了百分之二十，工作堆積的情況也改善百分之二十二。透過數字明確顯示的改善令凱文自豪，不過他認為最大的好處是團隊更加從容不迫，遇事不慌張。凱文向自己承諾不再讓同仁焦頭爛額，他成功了。

讓火燒得更旺

本書前幾章的目標是讓我們不再過得糊里糊塗，並打破永遠還不夠的文化。目前為止，我們已經意識到過度工作的問題，計算了忙碌的成本，討論了追求更多的邏輯謬誤。在接下來的第二部〈白色空間法〉，我們將從痛苦的整天被追著跑，轉向能帶我們走向新天地的願景。

若要有激勵人心的夢想，方法是現在花一分鐘重新想像你的工作。讓一切重新開始，想一想你渴望在什麼樣的理想環境中工作，你在那裡又會是什麼樣子。在理想天地裡工作是什麼感覺？心平氣和、創意滿點、活力充沛？團隊互動是什麼樣子？更開放、有事明講、信任彼此？你自己呢？你希望浴火重生後，將發揮什麼樣的才能，達成什麼樣的目標？

不論你的夢想是造福世人、發揮創造力、用心領導，或是設計出高效又優雅的工作文化，我們接下來要利用白色空間這個強大的風箱，源源不絕地注入氧氣。

1分鐘思考時間……

忙碌的偽神

記住：

- 永不饜足是指不停渴望每一件事都要更多、更好；你一定要了解並質疑這種心態。
- 社會從眾會強化有問題的看法與習慣，但正向的從眾能扭轉這種範式。
- 我們過分甘願做一堆低價值、浪費人力的工作。從精力與人才時間的角度來看，代價極度高昂。
- 在磚頭（後勤改革）之間塗上砂漿（行為改變），蓋起的效率之屋會更牢靠。

問自己：

- 「我因為崇拜忙碌，付出什麼代價？」

| 第二部 |

白色空間法

策略性停頓：讓每一天出現空間

「一天一點氧氣，你就能發光。」

丹妮爾．畢旭普（Danielle Bishop）在北卡羅萊納州的派恩赫斯特度假村（Pinehurst Resort）擔任全國客戶總監，日子過得相當不錯。很多人會覺得她的生活光彩奪目，令人羨慕。丹妮爾平日負責為高雅的晚宴設計精選料理的菜單，如黛安娜牛排與黑巧克力舒芙蕾，一邊看著北美紅雀飛過高爾夫第九洞的上空。不過，丹妮爾二十多歲就有自立門戶的想法，即便她也不確定要創哪種業。丹妮爾精明幹練，不斷進步，點子跟不上她的腳步。

丹妮爾發現白色空間的概念後，以與眾不同的方法實踐策略性思考。她會拿著一杯夏多內（因為大家都知道，唯一比白色空間還棒的就是白酒），靜靜坐著，沐浴在傍晚的琥珀色霞光中。丹妮爾發現「很重要的一件事，就是給自己時間，讓思緒自由飄蕩，看看會想到什麼，認真留意。」

幾個月後，丹妮爾只帶著手機、電子試算表和創業夢，就辭去工作，創辦ＨＢ迎賓公司（HB Hospitality）。公司的業務是舉辦活動，讓全球各地的會議策劃人聚集在如夢似幻的度假勝地，例如科羅拉多州的柏瑞德曼（Broadmoor）或圓石灘高爾夫球村（Pebble Beach Resort）。丹妮爾把自己能成功創業的原因，歸功於白色空間。

每當丹妮爾替自己設定目標，例如一年要舉辦十場活動、二十場活動，或是最終達到一年七十五場活動的里程碑，她都會挪出策略性思考的時間，讓靈感有機會醞釀。丹妮爾解釋：「神奇的事就是那樣成真的。」

二〇二〇年的新冠疫情經濟危機，帶走了丹妮爾的公司大部分的營收。她再次回到白色空間，思考解決辦法。丹妮爾表示：「我允許自己想著工作，靜靜觀察腦中冒出的點子與念頭，有的還不錯，有的不怎麼樣。我向團隊推薦其中的好點子，兩個月內便徹底改造商業模式，重新站起來。我不會想再來一遍，但我們浴火重生。」

丹妮爾不是特例。她所做的只不過是允許自己暫停——只要有需要，一次又一次暫停。毫不誇張地說，這個習慣改變了她整個人生。本章會讓各位明白「她有的，你也能有」。

在白色空間法的旅途中，你將經歷四種轉向，朝目標邁進：

- 你將發現如何運用白色空間，**策略性暫停**。慢下來，給自己一分鐘想一想。
- 你將和**時間的小偷**打照面，揭開它們的真面目，意識到我們最大的長處有可能拖後腿，導致我們無法以最理想的方式做事。
- 你將學到「**簡化大哉問**」，利用四個簡單的問題，快速讓目光回到真正重要的事。
- 儘管四周看似都是催促你必須快點解決的危機，但你將驅逐海市蜃樓，讓**緊急的幻覺**消失，再度回歸心平氣和。

如同丹妮爾的例子，你將看見白色空間帶來的突破。有為者亦若是，你真的有可能以不同的方式工作。懷中有法寶後，你絕對能追求最美好的人生，每一天都挪出時間思考。

大腦灰質愛白色空間

科學已經證實，暫停有利於表現。

亞當．葛薩利（Adam Gazzaley）是得獎的舊金山神經科學家，他協助我了解，為什麼在工作日定期中斷活動，事實上極度必要且威力驚人。我們在執行複雜的密集任務時，如果不給大腦時間恢復，將導致認知疲勞（cognitive fatigue），耗損大腦有限的資源，對表現造成負面影響。大腦中的額葉負責控制最高層次的認知與執行功能，但研究顯示額葉特別容易受到認知疲勞的影響。少了額葉的執行功能，我們便無法有效提出策略、熟練執行複雜的計畫。亞當談到，依據研究結果來看，若要有效解決認知耗損的問題，唯一的**已知方法**，就是讓大腦休息一下。[1]

在每日的行程中排出白色空間，額葉將有機會重振旗鼓，帶來更有效率的神經處理流程，提升生產力。此外，白色空間也能帶來更多創意。若要一針見血地解決問題，基本條件是連結我們目前的思考與先前的經驗，而負責執行的額葉將需要與大腦的記憶區進行溝通。然而，要是缺乏自由思考的時間，心智疲勞與認知過載經常會打斷大腦這兩區的溝通。

大腦的磁振造影（MRI）掃描顯示出，[2]在我們安靜停頓的期間，大腦的預設神經網絡（大腦的執行中心）其實忙得不亦樂乎——其相關活動與洞見、反省、記憶、創意有關。策略性停頓會讓我們過載的大腦，有機會進行新鮮洞見所需的心智聯想，刺激創意，讓自己文思泉湧——**我們拿掉了堵住噴水口的障礙**。

暫停對工作耐力與努力的品質而言十分重要。如果要了解背後的原因，可以參考《認知》（*Cognition*）期刊的研究。[3]四組受試者拿到相同的任務，時間是五十分鐘。該研究是要檢視每一組維持專注力的能力。四組裡，只有一組得到暫停主要活動的指示，兩度轉換至其他事，再回去完成任務。

在實驗的五十分鐘期間，有三組的注意力明顯下降，但有一組從頭到尾皆維持穩定的努力水準，也就是經過兩次「轉換」的那一組。研究顯示，在執行任務時，即便只是短暫的心智暫停，也能大幅改善長時間的專注力。研究執行者賴拉斯（Alejandro Lleras）告訴我，那些暫停並不是「無所事事」，而是「啟動與停下你的目標，讓你得以保持專注。」[4]簡單來講，如果暫時抽離主要的工作，不論你在離開的那段期間做了什麼，大腦將能重新啟動，因此，再度回去工作時會更有幹勁、更有效率。

舉一個真實世界的例子，康乃爾大學的研究顯示，某華爾街公司的電腦使用者，如果被提醒要休息一下，工作準確度會改善百分之十三。[5]卡內基美隆大學的研究人員發現，光是短暫的三秒到三十秒休息，就能讓工作者專心做事的時間延長，改善投入程度。[6]南非與荷蘭的聯合研究顯示，進行「積極活力管理」（proactive vitality management；留意自身的精力值，停下來進行內部處理或休息）的員工，他們的創意多過同儕。[7]

此外，我們還知道，休息是休哪種息，同樣也很重要。伊利諾大學厄巴納—香檳分校與喬治梅森大學的研究人員，觀察近一百位辦公室員工的休息習慣。[8]研究對象寫了十個工作天的日誌，記錄午休後感到的工作壓力程度、休息時做了哪些事，以及在一日尾聲的疲憊程度。研究人員把休息時的活動分成「放鬆類」（例如做白日夢或伸展操）、「營養類」（抓一包零食）、「社交類」（和同事聊天）、「認知類」（讀信或收信、社群媒體），其中只有放鬆活動與社交活動有好處。休息時從事認知活動，反而會讓疲勞程度**雪上加霜**。原因大概是我們試圖重振心智流程，但那些活動會動用許多相同的心智流程。從神經科學到認知流程、再到創意，各領域的研究一再顯示，停頓的確能讓我們處於更理想的工作狀態。[9]

我們馬上就會看到，休息能增強表現，太大的時間壓力則是毒藥。哈佛商學院教授泰瑞莎·艾默伯（Teresa Amabile）發現，火燒屁股能讓人一鼓作氣完成任務，感到有如神助，但如果大腦有更多反思空間、處於低度到中度的時間壓力時，成果的品質會更為理想。[10]泰瑞莎總結這方面的研究：「整體而言，人們不認為自己有足夠的時間完成工作，更別說要發揮創意，達到理想中的創新程度。」

白色空間「不是」什麼

策略性停頓的期間，實際上會發生什麼事？答案是很多事，包括測試概念、質疑假設、站在客觀立場、重啟身心、讓點子有空間冒出來。然而，我們對彈性的開放時間感到陌生，不確定那是什麼感覺。以下是幾個和白色空間長得很像的概念，但**不是**白色空間。我們先排除這幾件事，縮小範圍。你可以把每一種相像、但不相同的情況，想成是不同版本的公園遛狗。

白色空間不是冥想。對心智來講，冥想基本上是紀律性的體驗。冥想的時候，你選擇一個專注點，例如口訣、蠟燭、一個字或你的呼吸，你會溫和鼓勵心智不斷回到那個專注點。心思跑掉時（一分鐘會發生千百萬次），你不苛責自己，而是重新把注意力引導回來。換言之，小狗（我們的心智）拴著繩子。狗兒開始亂跑的時候，我們輕聲說：「回來。」

白色空間不是思緒漫遊（mind wandering），思緒漫遊通常是非意志體驗。除了罕見的研究場景之外，平時並不是我們選擇這種事，而是這種事發生在我們身上。你的神智經常未經允許就跑走。你明明坐在桌前打重要的報告，突然間，砰！你在 eBay 查電鍋多少錢。怎麼會跑到那？你通常真的不知道。思緒漫遊就像是你的狗趁你在買冰淇淋時掙脫繩子跑走，你過了一會兒才嚇一跳，狗怎麼跑到對面了。

最後一種相近的概念是覺察（mindfulness，又譯「正念」）。覺察和白色空間很像，但和冥想一樣，主要仰賴某種指示。覺察是把所有的注意力和精神完全只放在一件事情上，例如感官刺激、對話或任務。覺察是當我們穿越公園時，狗兒深深注意到身旁的每一件事。在感官高度敏感的情況下，牠清楚聽見鳥兒啾啾叫，聞到椒鹽捲餅攤散發誘人的熱氣。狗兒（我們的心智）全神貫注，沉浸於當下這一刻。

覺察和冥想的基本假設都是心智應該被溫和地引導。我們教導心智與打擾我們的念頭建立新關係。保持覺察或冥想時，如果冒出念頭，我們會注意到這個念頭，但不予理會。有些人會把念頭想像成是飄來的浮雲，接著想像它們飄走，或是像泡沫一樣破掉，不管念頭往哪裡跑，我們不跟上。

區別就在這兒。如果是白色空間，我們跟著念頭走。點子去哪，我們去哪，無拘無束。小狗可以在**沒有繩子**的情況下跑過公園。我們的心智以最大的自由探索、伸展與恢復。

運用暫停

科學與常識告訴我們，休息和放鬆注意力可以提振精神、增強創意與問題解決能力。這樣的中場休息有四種形式：

- 為了「恢復」的策略性停頓
- 為了「減法」的策略性停頓
- 為了「反思」的策略性停頓
- 為了「有建設性」的策略性停頓

第一種是為了恢復的策略性停頓，此時停頓的目的很簡單：重啟疲憊的大腦與身體。這是多數人對白色空間最初的認知。需要恢復時間是真實且龐大的需求。下次當你在一天的中段時刻搭乘飛機，可以觀察有多少人睡著了。中午就在睡！那是因為那些人不曾休息；太多高成就者幾乎是全年無休地運轉。沒有恢復體力的時間，遠遠不是「累了」那麼簡單。我有客戶感染肺炎黴漿菌，還在打電話問見面的事。

第二種是利用停頓來做減法——減少需要處理的工作量。減法停頓讓你放掉沒必要做的事，像推土機清路一樣，替其他每一件事清出空間。（在我們答應了太多事的世界，這種停頓極度關鍵，第五章會再詳談。）

第三種是利用停頓來反思，給自己冷靜下來的時間，客觀看待我們的工作，深入思考最初的點子。你用這樣的時間弄懂身旁與內心發生的事，在不受干擾的情況下做決定。對金融專業人士來講，反思型停頓有可能是看著數字，試著聽見數字說出的故事，了解未來和過去。如果是行銷人員，便會想著客群，深入想像這群人的需求。

領英（LinkedIn）的執行長傑夫・韋納（Jeff Weiner）十分傑出，在企業評論網Glassdoor上獲得接近滿分的主管支持率，還創下令人印象深刻的慈善紀錄，但他把反思型停頓視為讓成功職涯更上一層樓的關鍵工具。他很出名的一件事是在日曆裡安排「沒事」的時間，他指出自己若要做好工作，行事曆上的這件事是「絕對必要」的。除了今日帶領著業界龍頭的韋納，耐吉的創辦人菲爾・奈特（Phil Knight）也在客廳裡指定一張專門用來做白日夢的椅子。[11]奇異公司（GE）的前執行長傑克・威爾許（Jack

Welch）也表示，自己每天安排一小時「看著窗外的時間」。

最為人所知的例子或許是比爾．蓋茲（Bill Gates）。蓋茲任職於微軟的期間，每年二度前往森林裡與世隔絕的小木屋，度過他著名的「思考週」（Think Weeks）。[12] 蓋茲會利用這段時間研讀與思考報告、書籍、文章，記錄下心得與閱讀帶來的點子。唯一會爭奪注意力的事，就只有一天送達兩次的餐點，以及整個冰箱的健怡橘子汽水。沒網路，沒親友，沒有工作上的責任。沒錯，蓋茲一天花十八小時閱讀，不過他回公司時，帶給公司的好處是他閱讀後的思考。

我親眼目睹過反思型停頓讓銷售團隊的績效創新高，就連優秀到令人下巴掉下來、簡報無往不利的超級人才也能受益。這類超級人才若是兩點要開會，他們會於一點五十九分，在不弄翻咖啡的情況下，一屁股坐進他們的赫曼米勒（Herman Miller）人體工學椅，戴上耳機，以神經外科醫師般的精確度，開始製造奇蹟，替公司創造新商機——也或者他們是那樣幻想的。

一旦超級人才養成習慣，在每次開會前或在兩場會議之間，增加一些白色空間的反思時間，他們有時便會發現自己其實沒做到大獲全勝。光是花個三、四分鐘問自己：

「上次開會哪個部分順利、哪個部分不順利？」「這個人是什麼人，他們關心什麼事？」「我要如何用先前沒想到的辦法，推進這段關係？」思考一下接下來的對話，就能**真正做好準備**，大幅增加幾分鐘後的談話成功機率。

第四種是利用停頓來增加建設性，也就是把深思熟慮當成產出的商業工具——我們利用這種暫停時間，在心中擬定計畫、孵化產品、想出溝通方式。這是成長、創新與解決問題的時間。行銷人員和創意人員利用建設性暫停，想出下一個概念。高階主管則把這個時間留給策略，因為當你快步穿越走廊時，實在沒辦法思考某些事。

在建設性的暫停時間裡，我們的思考不是直線衝向終點的灰狗，而是比較像蝴蝶——一路上停留在無法預測的地方，但最終帶回花蜜。中間的流程變來變去，有可能穿梭於手邊的幾個主題。

得出理想結果的前提是要允許這樣的彈性。當我們卡在問題裡，通常會白費力氣，在同樣的幾個聯想與選項中打轉。「暫時抽離」能讓我們動用不同的心智能力，走過「醞釀期」（incubation period），[13] 也就是有助於創造性問題解決（creative problem solving）的無意識心理過程，科學家又稱之為「有益的遺忘」（beneficial forgetting）。[14]

我們允許思考重新出發，不滿足於無用的聯想，並以獨特的新鮮解決法取代——那才是我們要的東西。

《心流》（*Flow*）一書的作者米哈里・契克森米哈伊（Mihaly Csikszentmihalyi）是應用創意的祖師爺，他談過類似的事，寫道：「創意力或許是人與人之間最基本的差異。若要以有創意的方式運用心智能量，就要看留了多少注意力處理新鮮事。」[15]

傳奇人物約翰・克里斯（John Cleese）是巨蟒劇團（Monty Python）的共同創辦人，我曾有幸和克里斯對談他如何使用白色空間。克里斯平日指導眾家企業與高階主管，多年來倡導工作有兩種模式，他稱之為「開放模式」（創意、流動、沒有固定架構）與「封閉模式」（執行、實作）。[16]克里斯認為你必須進入開放模式（為了有建設性的策略性停頓），待上充裕的時間，理想上是九十分鐘，方便心智篩選掉亂七八糟的干擾，清出好戲登場的地方。

克里斯指出，我們必須建立「空間的界線與時間的界線」，在特定期間遠離人群與義務，才有辦法進入開放模式。克里斯建議你可以即興使用，直到出現效果。「如果你一直以和善但堅持的方式琢磨某件事，遲早會獲得潛意識的獎勵。或許是稍後沖澡時，或許是在早餐時刻，新想法會突然冒出來——只要你先投入時間思考的話。」

有的組織因為正式推行思考時間，進帳數十億美元，例如3M因此發明了遮蔽膠帶和便利貼，谷歌的AdSense也是這樣誕生的。一般的老闆通常無法理解開放模式與做生意的關係，但看到這一類帶來龐大利潤的重大突破後，他們就能接受。

我認識的另一位約翰，也提供了建設性白色空間的經典範例。約翰在某財星兩百大公司當警衛，該公司以創新的專利聞名，團隊人才濟濟，全是專業人士，但公司裡專利最多的紀錄保持人，卻是穿著警衛制服坐在監控螢幕前的約翰。

約翰本人確實是獨特的思考者，創意滿點，然而他能大展身手，該不會正好是因為他發想新點子的流程獲得助力？畢竟他百分之二的工作內容是上頭交代的任務，外加百分之九十八的白色空間。約翰平日不必回覆電子郵件，不需再三檢查數據，不會被官僚制度處處刁難。他基本上不會被我們稱為「工作」的事，搞得昏頭轉向。此外，沒有任何人會質疑約翰怎麼可以用上班時間思考。約翰曾經兩度獲得提拔，不再當警衛，進入創新部門，但他發現創新部門派給他的工作，實際上會讓他無法發揮創意，因此二度回去當警衛。

見縫插白色空間

剛才提到的兩位約翰都允許自己用很長的時間，進行奢侈的充分思考，但大部分的人無法如法炮製。我們光是能擠出時間去微波加熱墨西哥捲餅，就已經要謝天謝地了。我們需要時間不長、但同樣有效果的白色空間，而我恰巧可以提供。這種超級精簡版的白色空間叫做「見縫插針」（Wedge）。

見縫插針是指，在兩個活動之間插進一點點的白色空間。如果不特別用這種方法斷開事情或活動，每件事都會連在一起。見縫插針能幫你爭取到一瞬間的思考與計畫時間，或是讓自己鎮定下來。任何時候都適用；任何人都能自行運用這個效果強大的聰明作法。如果運用在團隊身上，還能大幅減少壓力，改善溝通與凝聚力。

在「開始工作」與「收信」之間，我們見縫插針，加進白色空間，先計劃早上要做什麼。在收到沒必要參加的會議邀請後，以及不假思索地接受前，我們花三秒鐘發現那場會議不需要我們，接著委婉拒絕。在回應讓我們感到要替自己辯護的意見時，我們暫停一下，想起我們下定決心要成長，鎮定地請對方講詳細一點。見縫插針讓我們在生活中的任何時刻停下，不會沒頭沒腦地去做下一件事。跳脫出來，就能立刻讓頭腦清醒或專注。這個關鍵的作法讓我們在收到帶來打擊的消息時，不會反應過度，而是謀定後動。

見縫插針式的白色空間是夾在兩件事中間，時長一般很短，用來瞬間分開兩個行動或體驗，不會擠在一起，而是有地方流通氧氣。還記得嗎？第一章談到，我們在典型的瘋狂工作日一次做好幾件事（背景音樂是〈大黃蜂的飛行〉），壓力如山大，煩人的事一件接著一件（圖6）：

應用「見縫插針」

圖 6

想像一下隨時插進白色空間的平行世界。

你在早上醒來，很想拿手機，但插進小小的白色空間（不到一分鐘），先睜開眼睛，和世界說早安，或許甚至抱一下身旁還在睡的伴侶。你正逢青春期的孩子想找你吵架，但你沒上當，插進小小的白色空間，想起那只是荷爾蒙在作祟（幾秒鐘就搞定）。你讓想挑事的青少年措手不及，抱他一下。

你抵達辦公室，兩個人朝你跑來，喊著上頭今天臨時交代的急件。你忙著去做之前，先插入一小點時間，放掉混亂所引發的焦慮情緒，重新想一遍今天要做的事（或許二到三分鐘）。你拿掉本日計畫中的幾件事，寫下要弄清楚的幾個問題，確認今天就是要做這些事。接下來，只有以上的事都做完了，才一頭鑽進今日的行程。一天之中，一個會議接著一個會議，但你在每場會議之間，插進一點白色空間（也許五到十分鐘），停下來消化先前得知的資訊、做筆記，或許還替下一場會議做準備。當天晚上回到家，你再度插一點白色空間，站在自家的大門前（一至二秒就可以了），從工作的自我，轉換成私人時間的自我。你進門，享受美好的家庭生活，而不是還在煩惱工作的事。人生可以這樣過，一切由你掌控。

選擇一天之中接下來要做的事，將是使用見縫插針法的另一個關鍵時機。生產力的關鍵在於當你完成一件事，準備換下一件事時，腦中冒出「所以接下來是什麼？」的時刻。如果沒意識到這種關鍵的選擇時刻，我們將成為超速運轉的奴隸，沒動腦就一直往前衝。待辦清單讓這種問題雪上加霜，我們不假思索，直接照單子上的內容做下去。

想像你剛寄出提案，或是完成研究案後剛關掉瀏覽器，你會：（一）想一想接下來要做什麼，或（二）直接開始做別的事。大部分的人會選後者，但使用見縫插針法時，你能掌控自己利用時間的方式，判斷哪一件事的價值最高、接下來該做哪件事。任何行程上的過渡時間，全是運用這種策略性停頓的時機。當你從左腦的預算會議，轉換到和客戶培養關係，或是當你的腦子尖叫著「視訊會議累死人了！」，但虛擬等候室還排著一堆人，此時你是該暫停了。

面對壓力時，見縫插針能讓自己冷靜下來，改善情況。碰上出乎意料的失望、沮喪、憤怒或工作危機的時候，插進短暫的白色空間，能讓我們在做出反應之前先平撫情緒。此外，見縫插針法能協助重新定義我們與「等待」的關係。當我們等著油箱加滿、排隊、等咖啡煮好——這些時刻全都能變身為機會。好幸運！天上掉下暫停時間，太棒了。

各位可能很熟悉「Life is Good」這個正向生活風格品牌，他們專門販售五顏六色的舒服T恤，吉祥物是笑臉火柴人傑克。Life is Good的主業是服飾，但他們自認是傳播公司，把產品當成媒介，傳達正向的訊息，提倡簡單、幽默與感恩等價值觀。約翰．雅各布（John Jacobs）和哥哥伯特（Bert）一起創辦這間公司，利用見縫插針法，強化他所說的「理性樂觀」（rational optimism），[17]意思是我們知道人生有險阻，但選擇把力氣放在機會上。我和約翰談到，正面的心態是由日常中的暫停時刻累積而成。眼前有兩道門──憤世嫉俗與樂觀，而你選擇了樂觀那道門。我們在一生中重複選擇樂觀，最後成為樂觀人士，永遠認為杯子是半滿、而不是半空。

在停頓時刻拿出樂觀的精神，這樣的短暫空白空間，將帶來深刻的滿足感。在繼續做下一件事之前，記得要感受勝利的美好。成交一筆生意或想出好點子後，舒舒服服靠著椅背，讓自豪感湧過全身。不要在你的球隊拿下超級盃冠軍後，就立刻回到場上訓練。戴上你的冠軍戒指，擁抱你的孩子，讓滿天的彩帶落下。暫停一下，慶祝一番，好好肯定自己，洗去全天的疲憊，再次蓄勢待發，準備好完成重要的工作。

廣播風暴

技術故障令人抓狂。可憐的肖恩・麥當諾（Sean McDonald）不只一次承受這樣的壓力。事情是這樣的，肖恩是一所八年制學校的網路工程師。有一天，他的分機瘋狂響個不停，網路有問題，大家的手機連不上，無法上網。可想而知，全校歇斯底里。肖恩到伺服器機房查看狀況，有三個人直接跟在他後面，想知道到底是怎麼一回事。肖恩逐一檢查。伺服器出了問題嗎？DNS劫持？有機器壞了？沒有，沒有，都沒有。肖恩一一測試設備，想找出問題所在。站在門外的人愈來愈多，氣惱為什麼無法上網的竊竊私語，逐漸變成低沉的咆哮。肖恩開始擔心憤怒的暴民會攻擊自己。

突然間，肖恩想起要「見縫插針」，他停下所有動作，到走廊上好好想一想。訊號顯示有廣播風暴（broadcast storm），但為什麼呢？在肖恩思考的時候，當天鋪好的新地毯傳出膠水味，讓他分心。新地毯，也就是說工人動過辦公家具……那麼工人也搬動了電腦……有人，不是他，把電腦又裝回去。肖恩衝回伺服器機櫃前，發現有人把一條線的兩端插進不同的埠，造成癱瘓網路流量的無限循環。肖恩拔掉那條線，風暴解除，又有網路了，藍鳥歡欣高歌。肖恩從問題中抽離，正中紅心，找到答案，成為英雄。

我們隨時隨地都能見縫插針。馬特奧最喜歡的見縫插針時機，就是他離開在家辦公的地下室、上樓扮演父親與伴侶的那一刻。派翠絲在壓力很大的工作中會想辦法見縫插針，挪出一點空間，在每次危機發生後，立刻替自己加油打氣。「我會要自己暫停一下，反正你去完白色空間後，一切還會在這裡。」當各位又開始忙得團團轉，被逼到頭腦短路時，別忘了緊急插進短暫的白色空間。脫離所有的人和科技。給自己幾分鐘，像布娃娃一樣靜止不動。坐下來凝視著虛空，讓思緒自由奔跑。慢慢來，等時機到了，把電腦線插回正確位置，就能再度復活。

負面偏誤

狄伊．哈克（Dee Hock）是 Visa 的創辦人暨執行長，高瞻遠矚的他說過：「在你心中的任何角落挪出空間，創意就會立刻湧入。」這句話絕對是真的，也是策略性停頓的基本保證。然而，人也得和「負面偏誤」（negativity bias）這個大魔王搏鬥，意思是我們的心思很容易受負面事件吸引，不斷想著不好的事。[18]你在開視訊會議時，有六個人頻頻點頭，認同你說的話，但你的注意力全放在一個皺眉的人身上。負面消息永遠會抓住人們的注意力。同樣的道理，你的白色空間才剛清完的地方，也永遠會被負面念頭搶占。我們停下來時，很容易被擔心或負面的反芻思考帶著走。人在煩惱的時候，不論事情是大是小，就算只是停頓個一秒，也馬上就會想到那件事。我們因此害怕有閒下來的時刻。

有辦法可以解決這個兩難。首先，我們必須區分擔心與情緒。很重要的是，情緒湧上來的時候，你要允許情緒出現，就跟打噴嚏一樣。體驗情緒、聆聽情緒傳達的重要訊息，對心理健康而言很關鍵。你想趕跑某個情緒時，情緒便會和低燒一樣一直存在，榨乾你做每件事的精力。讓自己忙個不停，就像吃阿斯匹靈，治標不治本。感覺你的感受則是盤尼西林，能真正解決病灶。

我想起我的一個客戶，她就是靠忙碌不讓自己有任何感受。她的先生在她認識我的三年前過世，此後她洗澡絕不超過兩分鐘，因為她知道只要有一丁點的私人暫停時間，她的心就會門戶大開，湧進大量的憂傷情緒。她故意過著忙到麻木的生活，變成**行屍走肉**。我們不要當屍體。出現傷心、害怕或生氣的情緒時，請試著到安靜的地方，和那些情緒握手。

擔心則不一樣。擔憂是黏在口腔上顎、很難舔下的太妃糖。想要暫時放下憂慮，即便只是幾秒鐘也好，仍難如登天，也因此我們必須想辦法控制（但不是無視）。安撫憂慮的有效技巧是和憂慮約時間。有事令你心煩時，安排好「心事重重」的時間，每天只在指定好的時間想那件事。（我通常會在一大早解決。）告訴自己：「每天早上七點，我會把所有的注意力全放在這件事情上五分鐘。」

值得一提的是，如同婆婆或丈母娘老是要指導你的婚姻，即便你處理了，擔憂還是會堅持一直跑來打擾你。你在別的時間又想起那件事的時候（絕對會發生那種事），就提醒自己已經安排好時間，並試著繼續做該做的事。當我們擔憂的是重要的大事（親友的健康、財務不穩、事業困境），一天當中可能要請那些念頭回去數十次。我的家族世世代代都愛杞人憂天，而我發現我試過的方法中，這是最能幫上忙的一個。

有些日子裡，負面念頭這條巨蟒拒絕鬆開你，那就給自己小小的白色空間，讓身邊圍繞正面的工作、正面的自我對話、正面的人，抗拒負面的思緒，直到風暴過去。

嘗試進入白色空間

好了，換你了，別再坐冷板凳。如果你還沒進入過白色空間，現在就試一下。方法無所謂對錯，你的心想怎麼做，就讓它怎麼做。

設定好一分鐘的計時器。準備好了嗎？開始。

好了，我們回來了。

哎喲，快點，真的試一下。總共就一分鐘而已。好了嗎？開始！

好了，我們回來了。

感覺不舒服嗎？很彆扭？還不錯？

如果你和大部分的人一樣，你剛才八成腦子一片混亂。如同關掉果汁機後，所有的液體還會持續旋轉一陣子，我們的心智也一樣，通常不會立刻靜下來、得出洞見，或海闊天空。各種必須快點解決的事轉個不停，包括替假期規劃行程、你需要放手的人，或是忘了買咖啡濾紙。你沒暫停，只有一堆亂轉的念頭。

你可能要過一段時間，才有辦法培養出策略性停頓的能力。不過，當你的心在「鬧情緒」的時候，提供一定程度的白色空間，將能協助你穿越迷霧，收割果實。多多練習，眼前將出現更清晰的心智大道。

進入白色空間的輔助方法包括：

- 利用通勤時間，讓心思自由飄蕩。
- 設定進入白色空間的提示，例如每次陽光照到臉就暫停。
- 如果獨自吃飯，不要看電視或聽播客。
- 展開一天之前，先進入白色空間一兩分鐘。
- 在做洗碗等體力勞動時，做白日夢。

循規蹈矩的讀者看到這，將開始規劃白色空間，追問一堆細節：一天最好要安排多少時間？眼睛要睜開還是閉上？是否建議使用計時器、圖表、檢查表？抱歉了，各位生產力狂，這個美麗新世界沒有任何規定。

團隊、企業，甚至是家庭要分享白色空間的話，每個人一定要替自己量身訂做。好用的準則如下：如果感覺像是白色空間（脖子上沒綁繩子，跑過公園），那你大概做對了。那種內在體驗像是某種精神自由，所以如果你去跑步，沒戴耳機，我會說那是白色空間；但要是你一邊踩跑步機，一邊專心地看影集《絕命毒師》（*Breaking Bad*），那就不太算是白色空間。

白色空間會協助我們重新定義與「沒排事情的時間」的關係。要是少了白色空間，我們偶然有空時，可能會自動把空閒當成不好的事，我們腦中的工頭會說「我無所事事」或「我真懶散」。然而，一旦我們有了白色空間的語言，就更容易看出白色空間的價值，重新設定對自己與同事的期待。

當然，不會有永遠空無一物的心理時間。如果你照我說的，空出時間，其他的東西便會跑進去。你將在白色空間裡遇上舊念頭、新想法、麻煩事、創新、啟示、洞見、體悟與喜悅。我們在建立白色空間時，門會向這些事開啟。

最好一起來

雖然許多人運用白色空間的動機，主要是為了增加自己的效率和平靜程度，但白色空間對團隊來講也相當實用。當社群鼓勵我們，而我們允許與支持彼此使用白色空間，就能分享神奇的大膽魔力。

分享與尊重白色空間的團隊，致力於身體力行以下的價值觀：

- 控制衝動——有能力抑制「現在就想獲得一切」的渴望。
- 界線——我們替時間、科技、個人精力設定的極限。
- 盡量精簡——每次溝通的時候，努力言簡意賅。
- 反省——誠實看待自己的情緒與行為。
- 意義——我們有時間做正確工作時，心中感受到的重要性。
- 創意自由——好點子能在開放管道流通的環境。
- 平衡——兼顧工作、生活、貢獻與喜悅的訣竅。

•從容——美好的無形態度，身旁的每件事都更加順利。

不過，光是聽我說還不夠。大家可以參考傑特．巴特勒（Jett Butler）與同事的例子。他們不僅一起練習白色空間，還讓白色空間成為團隊的規定。如果你見到傑特，你會立刻覺得這位型男有夠帥。他位於德州奧斯汀（Austin）的設計公司FÖDA（發得出Ö這個音的人，全德州只有傑特）的設計，同樣也很帥。傑特和他的小型團隊，由於忙著在業界闖出名號，什麼案子都接：替機場發想設計概念、重新打造知名假期訂購網的品牌、利用手工雕刻瓶來包裝高級葡萄酒。

然而，成功的背後是瘋狂工作，工作室裡人人精疲力竭，以無法持久的工作型態硬撐。傑特的團隊放棄個人生活，把客戶永無止境的要求擺第一，完美主義與低價搶案的蟲洞，讓營收消失得一乾二淨。

傑特因為接了我們的設計案，在與我們相處的過程中，開始從新角度看待自己的情形——傑特原本認為，為了從事創意工作，整天忙到不可開交，鞠躬盡瘁，是又酷又值得驕傲的事；但其實那樣的工作方式大有問題。傑特決定送自己和團隊一份簡單的禮物：充分的思考時間。他在每個月訂出神聖不可侵犯的時段。很難相信客戶會願意在每個月的閉關時間等他們，但傑特的團隊一起勇敢跳下碼頭，鑽進暫時不服務客人的冰冷海水中；等到再次浮出水面，他們才發現人有多容易受情緒化的恐懼所驅使。事實上，幾乎沒有不能等的事。

如今，傑特的整個團隊已明白這個道理，他們現在也是這樣做事。早上是工作室的安靜時間，看上去有如大學圖書館。接著，電子郵件、電話、客戶的需求逐漸在十點半左右湧入，一天的活躍時間開始了。大家不慌不忙，按照一日之始設定的步調，活力充沛地處理事務。FÖDA今日榮獲四十多項設計大獎，從薩凡納（Savannah）到首爾，全球各地都有人找他們設計。白色空間是背後的功臣嗎？不是，但傑特說要是沒有白色空間，他們絕對辦不到。

策略性停頓

記住：

- 多項研究證實，暫停有利於表現、創意與耐力。
- 許多成功的領袖認為，「思考時間」是他們能成功的要素。
- 策略性停頓可以用來恢復精神、做減法、反思或增加建設性。
- 在任務與活動之間插進白色空間，能有效保持鎮定，想好了再做。
- 白色空間會被負面思考挾持，但可以安排專屬的時間，不讓自己擔心過頭。

問自己：

- 「我能在何處嘗試白色空間？」

CHAPTER 4

時間小偷：找出與我們作對的力量

“在這個過載的年代，我們的資產有可能變負債。”

要是不熟悉海流，在海裡游泳會碰上大麻煩。受困的人會拚命划水，直到雙臂再也使不出力氣，但海流的力量太大，只能被帶著走。激流是其中最危險的一種，會形成水道，直接把人從岸邊拖進開闊水域。不論你的肌肉有多強壯，也只能聽天由命。

受困的人一邊手忙腳亂，一邊想著是自己的錯。驚慌失措的腦子開始自責：「我早該學會真正的游泳。」「我體能太差才會這樣。」然而，外在的環境才是他們無能為力的原因。海流把人帶來帶去，游泳者必須了解海流的本質，懂得趨吉避凶，不能硬游。我們前往白色空間的旅程也一樣；白色空間不是在平靜無波的池子裡，而是在波濤洶湧的大海上。我們必須學著判讀隱形的海流，借力使力，要不然會被拖進海裡。

把注意力放在工作的殘酷海流時，我們的第一個念頭，通常是再次被罪惡感包圍，怪自己：「要是我找到正確的播客或檔案系統，或是更有紀律一點，就不會工作到精疲力竭。」然而，缺乏恢復空間不是簡單的問題，也不是單一的問題。這不是你的錯。我們研究後發現，許多外力都會導致工作過勞，例如科技、領導者的行為、獎勵制度、溝通管道的類型，以及特定的流程——這些事都會在個人身上加上重擔。一連串的壓力，最後全堆在你身上。

過度成長的資產

幹勁、卓越、資訊與行動力，這四個工作的關鍵驅動力，刺激著企業、團隊與個人。我們稱這四股力量為「時間的小偷」，因為儘管它們本質上都是正面的，對我們有幫助，卻是白色空間的重大殺手。

時間小偷讓我想起牽牛花這種藤蔓植物。這種芬芳的植物象徵著愛或死亡，看上去如夢似幻，鮮豔的紫花連著可愛的卷鬚，有如童話故事會見到的景象，生氣蓬勃，令人眼睛為之一亮。然而，要是把牽牛花帶進家園，一圈圈的卷鬚很快就會纏繞你的折疊椅，鑽進窗檐，堵住狗門。鄰居控訴你的牽牛花入侵他的地，害他的玫瑰無法呼吸。但是，拔掉也無濟於事，牽牛花的根只會繼續欣欣向榮，而且不怕殺蟲劑。時間的小偷也一樣，原本是資產，但長得太茂密，漫出容器，因此必須加以制止。我們引以為傲的優點能讓我們大展身手、熱力四射，但有時會失控。

一發不可收拾的時間小偷會變樣。幹勁變成衝過頭，卓越變成完美主義，資訊變成資訊過載，行動力變成瘋狂暴走，出現以下的狀況：

- 想也不想就答應開會，因為我們有幹勁。
- 花太多力氣讓簡報盡善盡美，因為我們想要卓越。

- 過分鑽研儀表板與數據，因為我們想掌握資訊。
- 衝動地抓住清單上要做的下一件事，因為我們認為永遠都該充滿行動力。

這些時間小偷引誘我們前往的地方、讓我們扛的壓力，實際上會降低我們的效率。我們在它們的刺激下，為了取得小成果而忙得團團轉，永遠無法贏得大勝利。時間小偷催促我們行動，在我們的耳邊不停講著模糊的承諾，說前方有獎勵與報酬等著我們。花言巧語的背後，隱藏的事實如下：

- 幹勁

誤導：能者多勞，我們應該盡量多做。

真相：慎選目標，將帶來品質更好的成果。

- 卓越

誤導：每個接觸點都該最佳化。

真相：陷在不必要的細節裡，浪費時間與力氣。

- 資訊

誤導：知識永遠不嫌多。

真相：人類大腦能處理的資訊有限。

- 行動力

誤導：忙碌與生產力是同一件事。

真相：轉個不停會讓人難以思考，耗損精力。

以上的每一個傾向，同時有好有壞。我們該做的，是留意哪一個或哪幾個容易讓我們做過頭，並在過程中奪回主控權。

當然，你可能不只受一個時間小偷所影響，許多人感到腹背受敵，同時被四個小偷制伏在地。此外，還有一種可能性是某項特質過

時間小偷

資產	風險
幹勁	衝過頭
卓越	完美主義
資訊	過載
行動力	無頭蒼蠅

少，不過我們通常會留意到同事有這種問題，而不是自己。如果你是資訊型的人，你會受不了有人不看新聞。假如你是拚命三郎，你便無法忍受別人做的沒你多。不論你的時間小偷究竟是什麼情況，別忘了平衡；除了小心別做過頭，也感謝它們帶來的好處，畢竟少了它們，我們將陷入平庸與無所事事。

我大學畢業後的第一個老闆，相當清楚這幾種專業特質過頭的時刻，將是雙面刃。喬治．尼傑姆（George NeJame）是我這輩子見過最穩如泰山、也最有愛的人。替他工作實在是每日的幸事。要不是因為他，我不會在一份令人灰心喪志的工作多留兩年——洛杉磯的電視製作圈是一群自我中心、壓力爆表的混蛋，每個人是真的一整天都在對著別人尖叫，而我的工作是替這群人跑腿買貝果和咖啡。

如果我為了節目需要的某樣東西花了太多錢，喬治會說我有一點過分追求品質。假如我為了炫耀文采，備忘錄寫得詰屈聱牙，他會說這是良好溝通技巧的副作用。喬治自然而然地把每一件做不好的事，當成一杯滿出來的正面特質。他不曾正式與時間小偷打照面，但十分清楚一體兩面的道理。

幹勁小偷

幹勁是每一樣東西能被創造出來的原因。史上任何的傑作、企業或慈善事業能成功，全是因為背後有人拿出幹勁，不屈不撓，讓一切開花結果。少了幹勁，無法成事。看見別人為了有價值的目標而奮鬥，我們在公私兩方面便會想要看齊。傑出運動員凱絲．寇修爾（Kath Koschel）在打職業板球時弄傷背部，醫生說她這輩子再也無法走路，但她出乎醫生的意料，重新站起來。之後，寇修爾在訓練鐵人三項時，發生自行車意外，**舊事重演**。她二度站起來，今日主持非營利機構，推廣愛心，鼓舞全球人士。[1]假如沒有幹勁，要怎麼做到像寇修爾這樣？

照單全收型的幹勁，源自這個世界要我們「全都做」，必須接下愈來愈多的事，永遠不能放過任何一樣。如果你非常認同幹勁的精神，你八成會開闢新天地，接下一系列愈來愈棘手的挑戰。我們平日會請客戶接受發展評估，判斷他們有多容易受到不同小偷影響。假設你接受我們的幹勁評估，我們會問你幾個問題：

- 你是否接下太多事？
- 沒什麼價值的事，你是否也捨不得放手？
- 你通常會答應，而不是拒絕？
- 你是否永遠渴望有更多的成就？

幹勁會讓我們累垮，因為成功是一座愈爬愈高的山。衝勁十足的領導者容易要團隊一次朝太多方向跑，而且他們通常不認為提供喘息的時間，其實是專業工具箱裡的必備法寶。

紐約市到處是拚勁十足的典型 A 型人格者，而恩斯特又是紐約人中的紐約人。光是聽他唸待辦清單，你就累了。恩斯特為了讓孩子能在後院玩，搬到田納西州的納許維爾（Nashville），還帶著雄心壯志加盟食物連鎖店。他開始打造第一間店，希望後續能開很多分店。恩斯特的雄才大略贏得團隊的敬佩，但他的脾氣偶爾會失控，而店的後頭擺著摩托車，每當他焦躁易怒時，團隊就會問：「要不要去騎一下車？」（恩斯特先前沒聽過白色空間的說法。每當他需要一些白色空間，團隊會用騎車來代替。）

然而，恩斯特缺乏拿出耐心的經驗，不懂做事要有選擇，高衝勁人士常會這樣。恩斯特連第一間店都還沒上軌道，就急著開第二間。他喜歡衝刺事業階段的過程，但沒弄清楚方向就衝，想到什麼便做什麼，搞得團隊成員人仰馬翻。優秀人才因為倦怠，開始求去。這不是什麼理想的管理辦法，代價甚至可能更高，男性尤其容易有這樣的問題。

雖然聽起來像刻板印象，但我觀察到許多熱愛衝刺的男性，通常會宣稱自己壓力不大，也不會疲累。真希望我能告訴他們：「你要不要問一問你的腎上腺怎麼說？」研究顯示，情緒自我覺察是關鍵的情商元素，而男性在這方面的分數比女性低。[2]男性無法看著指針，知道自己何時在生氣，或者感到疲憊、挫敗或精疲力竭；他們通常會硬撐下去。認為人生就該衝的男性，或其實很多男男女女都一樣，他們認為速限是拿來突破的，卻沒料到將付出什麼代價，直到發生碰撞。等到被送進醫院，或是碰上景氣不好，人際關係面臨危機，事業遭受打擊，才會醒過來。能醒悟很好，但最好能在出事前就曉得該注意。

卓越小偷

追求卓越（我最心愛的孩子）會帶來令人驚嘆的精雕細琢，讓專業職場變成展示美與藝術的地方。每個「i」上面的小點，「t」上面的一槓，讓這個世界成為更準確、更可靠的地方。

老實講，我很難寫出卓越的壞處，因為卓越是我主要的時間小偷。即便是過了頭、有著種種代價的卓越，完美依舊讓我心醉神迷。按顏色排好的書架、疊成完美金字塔的蔬菜、削尖到可以當武器的鉛筆、加到價格剛剛好的油，對稱！好美，太美了，太棒了。我先生剛好也是無可救藥的完美主義者，他桌前貼著音樂人布萊恩．威爾森（Brian Wilson）的名言：「小心平庸的棒棒糖。只要舔過一口，你就會吸著不放。」

我們這種崇拜卓越的人，很容易迷失在卓越裡。從內部傳單、部門的壘球賽，到最大的客戶的建議書（RFP）定稿，我們很想要以一模一樣的高水準完成所有工作。你可能是我們的同類；回答幾個和卓越相關的問題，就知道是不是：

- 你有時是否太注重細節？
- 你是否花太多力氣做低價值的工作？
- 你是否很難決定要花多少力氣？
- 你執行專案的時間是否比別人長？

追求卓越的人士，自認照顧細節的能力沒有極限，卻忘記人類一天能做到卓越的事，數量其實有限。想像你的腰間掛著一袋金幣，你一天能擁有的卓越，就只有袋裡的錢那麼多。如果你每天做的每一件事，全都拿一枚金幣去換，你的金幣永遠不夠，而且你很快就會花完。資源是有限的。

資訊小偷

一份週間的《紐約時報》所包含的資訊，多過十七世紀的人一生會接觸到的量。許多現代人接收過多資訊，上網查太多資訊，做太多研究，我們兩耳之間的穴居人大腦，試著要加以吸收，忙著分類、儲存與排列每件事的重要性。律商聯訊（LexisNexis）二〇一〇年調查了一千七百位白領工作者，顯示員工的工作日有超過一半的時間，用於接收與管理資訊，而不是用那些時間來做事。知識很好，但資訊狂會掉進儀表板、計分板、電子試算表與網路的無底洞，卡在裡面出不來。

史蒂夫．馬汀（Steve Martin）太清楚這種陷阱。他先前在微軟擔任數據科學長，擁有過人的才智，和許多深謀遠慮的高階主管一樣，天生就懂白色空間的重要性，每天或每週固定挪出思考時間。

史蒂夫熱愛分析，在微軟如魚得水，不過有幾分諷刺的是，史蒂夫深知資訊小偷帶來的問題，本能上就知道要保護團隊的時間，不讓資訊小偷偷走。有一次，公司要求他準備大量的宣傳品，例如給銷售團隊的投影片與媒體，一共要二十二份。史蒂夫察覺這是不必要的工作，但還是幫忙準備。「我知道我們脫離正軌，因為沒人真正去確保內容本身有價值。」

史蒂夫用史上最經典的效率惡作劇，測試那個假設。他在二十二份材料中，放進以下這段話：「如果你真的讀了這個鬼東西，寄電子郵件給我，我送你五十美元的亞馬遜禮品卡。」（不是放在頁尾或附錄那種隱祕處，而是每個有看資料的人都會發現的地方。）我自然問有沒有人向他討禮物，史蒂夫回答連一個都沒有。

故事還沒完，史蒂夫說：「這個故事更有趣的部分來了。隔年，我們準備做產品更新，同一個準備小組跑來要資料。這次他們要求的清單甚至比去年還長，但這次我可以告訴他們：『不，你們不需要這些東西，你們根本連讀都沒讀。我的證據在這裡。』他們目瞪口呆，但一切都比不上他們突然想到，在他們的預演檢討上，也沒有任何人發現這些字。」

如果你掉進資訊蟲洞，你在以下的評估測驗大概會拿到高分：

- 你看到通知時，是否永遠會回應？
- 你不在電腦前的時候，是否也經常收信？
- 你是否喜歡通知他人與分享資訊？
- 你是否很難判斷究竟該做多少專案研究才夠？

我們很容易被吸走。網路讓我們住在誘人的內容糖果店裡，愛拿多少就拿多少，日子變得無比輕鬆。要是無法快速搜尋「如何迅速止血」或「臨時可以買到的最佳結婚紀念日禮物」，那該怎麼辦？如果我們的行銷部門無法追蹤用戶點擊，或者財務部門無法做季度的比較，沒辦法替公司掌握方向，那該怎麼辦？公司與個人的力量絕對會減弱。然而，近三分之二的全球專業人士表示，資訊過載對他們的工作品質造成不良的影響。（我們猜想剩下三分之一的人士，他們的資訊過載到無法回應這份問卷。）我們誤以為有必要知道那麼多資訊，被大量的內容和刺激搞到頭昏腦脹。

行動力小偷

鼴鼠這種小動物長著一身光滑的黑毛，有力的爪子特別適合挖地道。值得留意的是，鼴鼠每天早上開始挖洞時並沒有計畫，但一挖就是一整天。牠們會把小小的頭鑽進任何先前挖過的方向，然後就開始拚命挖！拚命挖！是不是讓你想起某個人？或是每一個人？為什麼超市會賣「即食湯」和「隨身優格條」（Go-Gurt）這種產品？這是因為，為了跟上日理萬機的我們，就連午餐也得一拿就能走。不管多麼忙碌，我們依舊覺得不夠。今日甚至有一種真實存在的疾病，叫做「放鬆所導致的焦慮」（relaxation induced anxiety）。

閒不下來的人喜歡畫確認的方框，然後打勾。接著再畫一個框，打勾。再來一個框，打勾。（各位行動力狂，誠實一點，有時你會作弊，事情已經搶先做完了，才寫在待辦清單上，只為了可以打勾，對吧？）行動力超強的人是八百馬力的奇觀。因為有行動力，我們才能完成他X的工作！行動力鼓勵我們匆匆忙忙過完一天，習慣成自然，不做點什麼不行。十一項不同的研究證實，受試者實在太討厭安靜獨處了（六到十五分鐘），因此許多人選擇接受痛苦的電擊，只為了有事可做。

接受以下評估測驗時，相較於其他的時間小偷，行動力這項得分最高的人最多。

當人們回答下列問題時，能看出他們多渴望發揮行動力：

- 你是否通常急著完成工作？
- 你是否經常一次做好幾件事？
- 你是否常常感到很忙碌？
- 工作結束時，你是否通常感到精疲力竭？

我們的團隊曾與美國中西部的某個信仰組織合作。安德烈牧師在對談時告訴我，民眾常認為牧師「很懶」；從事牧師職業的人，因此一輩子都在努力逃離這個標籤。如果人們只會在週末見到你工作的樣子，他們顯然會認定你剩下的時間都在遊手好閒。安德烈牧師談到：「第一次聽見上帝召喚我成為牧師時，我不知道那個念頭從何而來，但我想到的第一件事，就是我不要被當成又一個懶惰的牧師。因此我渴望超級忙碌，數十年間都被這樣的念頭所擾。」

另一位牧師分享：「我到教堂上任時，告訴每一個人：『我會是電影《公主新娘》（*The Princess Bride*）裡的恐怖海盜羅伯茲＊。』我將在第一年死命工作，好讓每個人都看見我很忙、超忙、忙得要死。接下來，我剩下的日子就靠這個忙碌的名聲活著。」

這個作法成功了。直到今天，每個人在拜託這位牧師的時候，都會很不好意思地說：「我知道您是大忙人，但……」牧師玩了一個小把戲，但他設定這種形象，為的是應付無端把人當懶鬼的世界。

害怕被當成懶人，絕對會讓人習慣忙得團團轉。在照護與非營利領域服務的許多人士（我稱之為「以心為中心的職業」），因為對工作抱持高度的熱情，他們迷上付出。不論自己犧牲到什麼程度，他們都覺得還不夠。但是，人們做個不停的動機，也可能是為了扭轉自己先前在某個年紀或某個階段的記憶，依舊對當時的自己感到羞恥。如果我們曾經缺乏動力、依賴他人或沒有目標，有時會很容易告訴那個從前的自我：「我會證明給你看。」我們後悔曾經不知上進，為了彌補逝去的光陰而奮發向上。

＊ 譯注：Dread Pirate Roberts，意指建立凶殘的名聲，讓對手不戰而降。

但我的小偷沒什麼不好！

各位想著最符合自身情況的小偷時，可能會認為它們的壞處不適用在你身上。你太喜歡它們，導致你看不見它們的壞處。要不是因為那些小偷的確令我們振奮，我們不可能花那麼多時間和它們待在一起。然而，你要試著保持客觀。小偷令人著迷的地方，就是它們很危險的原因。如同不知饜足的價值系統，時間小偷靠的是「享樂跑步機」（hedonic treadmill）這種心理建構：「不論我們擁有什麼，我們終將適應，很快就想要更多。」[3]享樂跑步機有時又稱為「享樂適應」（hedonic adaptation），意思是每次更上一層樓後，我們就傾向於重設滿意度。我們有了更多成就（幹勁）、想辦法做到更好（卓越）、知道更多事（資訊）、做了更多（行動力）後，便會習慣這次創下的新高，很快就感到有點乏味。每當我們抵達預想中的目標，終點線又會移動。

從個人層面來講，這將導致我們永遠無法宣布贏得勝利，長期被剝奪抵達感，無法覺得已經夠了。從組織的層面來講，享樂跑步機會導致對複雜的崇拜，並掉進永無止境的複雜——更多專案、更多指標、更多系統、更多繁瑣的規章。如同《星艦迷航記》

（*Star Trek*）裡不斷增生的毛球（tribble），糾纏的事愈來愈多。不久前只需要兩個簽名的表格，如今需要三個，而且很快就會變成四個。高度疊床架屋的組織，把我們困在由虛線簽名處織成的混亂蜘蛛網裡。

時間小偷讓我們沉迷於追求微薄的報酬，剝奪我們暫停的能力。時間小偷讓我們車速過快，錯過下高速公路的時機，無法去做有意義的工作，得不到有創意的洞見。時間小偷讓我們痲木，無法感受這個世界。當我們低著頭，揮汗服務這些假主人，我們更不可能敞開胸懷，接收身旁的好點子與不易察覺的人際線索。

一整個團隊與一整間公司，有可能倒向單一小偷的方向。

舉個例子，我們輔導的某間跨國客戶顯然充滿幹勁，對外大膽行銷，毫不掩飾野心，就連在組織內部也一樣——這有時會帶來獎勵，有時則帶給自己傷害。

在某場我也出席的會議中，資深領導團隊整整坐了一天一夜的飛機過來，但沒喘口氣，一出機場就直奔下午的會議。在其他的移地會議裡，我們合作的這個團隊，在連續工作十四個小時之前或之後，在黑夜裡跑步健身。他們要求內部簡報的精美程度，絕對令人印象深刻，但也令人懷疑究竟有多少戰術上的必要性。雖然我景仰他們的才幹與熱情，然而他們做的每一件事所需耗費的力氣，正在令他們精疲力竭。

安斯泰來製藥（Astellas Pharma）和許多大企業一樣，同時要對抗好幾個時間小偷，其中資訊是霸占地盤的大老，誰都別想繞過。這間健康照護公司有日本的血統，但美國總部位於芝加哥近郊，也就是說美日文化必須持續交流，改善合作，創造效率。

安斯泰來製藥自豪他們在每件事情上，同時照顧到兩種價值觀。然而，在快步調、高度競爭與資源密集的產業，這些重要的公司理念，有可能導致為了統一步調，而耗費驚人的力氣進行溝通。美日雙方在過度溝通專案時，提出大量的更新、報告、示意圖、視覺圖、一對一對話，鉅細靡遺，溝通量大到某位高層告訴我：「龐大，只能說是非常龐大。」（本書尾聲會再提到，安斯泰來製藥學會與資訊和解，在組織裡推動白色空間、適度調節，成效相當不錯。）

我們回應每種小偷的方式，通常不是自己選擇那麼做，而是反射性動作。我們忘了問：「我採取行動是否其實是出於習慣，或是為了個人的滿足感？我的選擇能否讓工作結果不同？」當我們記得要暫停，在必要時刻插進白色空間，我們將能反省、評估與減少各種小偷帶來的傷害，從自動回應變成想好再做。

當你發現自己一個月排了九個團隊專案，就停下來說：「哇，那是幹勁小偷。」當你和自動校正的項目符號陷入永恆的搏鬥，正確格式和芝加哥公牛隊的控球後衛一樣、不停閃過你，此時你要後退一步，意識到問題，說出：「等一下，那是卓越小偷。」大聲向自己與他人指出小偷，可以削弱小偷的力量。你將逐漸以不同的眼光看待小偷——如同感覺小時候的玩具似乎縮水了，但實際上是你長大了。

1分鐘思考時間……

時間小偷

記住：

- 「幹勁」、「卓越」、「資訊」、「行動力」等四種關鍵力量，可能導致雪上加霜。它們的確可被視為資產，但過頭的時候會變質。
- 幹勁小偷要我們「全都做」，和倦怠、透支有關。
- 卓越小偷與完美主義有關，要我們不論做什麼工作，全都要用同樣的高標準。
- 資訊小偷告訴我們，數據和研究永遠愈多愈好。資訊小偷和過載有關。
- 行動力小偷與瘋狂前進有關，告訴我們不能停，要一直做下去。

問自己：

- 「這些小偷在哪些方面妨礙我？」

CHAPTER 5

簡化大哉問：去蕪存菁

“用「價值」取代目標中的「量」，就能發揮潛能。”

幹勁、卓越、資訊、行動力等四個時間小偷，雖是寶貴的特質，但它們太常逼著我們和公司加強每一件事，永遠不肯放開任何事，貪得無厭，澆熄我們心中的高尚火焰——我們再也感受不到當年爭取第一份工作的那種心情。初心需要氧氣，才能再次燃燒。

把亂七八糟的事趕出人生的時間到了——我們要運用策略性停頓來做減法。根據數學的定義，「減法」是指「降低數量」。從創造白色空間的脈絡來看，擁有減法心態是一種看世界的方式，擺脫不必要的事成為你的第二天性。你讚揚「少」帶來的優雅與自在感受——減少複雜，減少待辦事項，減少浪費時間的事，減少打斷，減少不必要的接觸點與會議。

米開朗基羅是如何讓平凡無奇的大理石變成大衛像？他取一塊大石頭，鑿去不是大衛的部分。那我們將一起找到的大衛像是什麼？答案是最理想的工作與生活。有意義的工作，會讓你一早醒來就急著跳下床去做。你充分享受人生，而不是錯過人生。我們需要拿出鑿子，削去多餘的東西。減法的意思是唱反調，違反大部分的企業與職業催促我們採取加法的直覺，培養出不同的反射動作或傾向，盡量放棄、減少、放手、退出、跳過或砍掉不必要的事。

我們在工作上會累積一堆事的心理原因，和你有囤積症的阿姨一樣。阿姨留著這輩子收到的每一期雜誌，家裡放著三十種顏色的舊口紅，深怕一個不小心就誤扔有價值的東西。工作上的心態相當類似。減法讓我們感到很陌生，深怕砍錯事。我們會增加新計畫、新任務，但很少刪減不必要的事。然而，只要小心，就能降低砍錯的風險，減輕肩上的負擔。

企業可以學習減法，刪減疊床架屋的內部流程與組織規章，也可以模仿賈伯斯（Steve Jobs）放棄目標或市場，簡化產品與功能，讓消費者不必再傷腦筋選擇。賈伯斯離開蘋果十年後，一九九八年回去掌舵，發現公司產品五花八門，不斷大量增生，利潤卻慘不忍睹。賈伯斯抓起鑿子，大幅削減產品線，從三百五十種產品砍到剩十種。十年後，他得以告訴《財星》雜誌：「蘋果是一間三百億美元的企業，但主要產品不到三十種。我不知道史上是否有過這樣的紀錄。」[1]

在你們公司，哪些事該放上減法檢討清單？答案是**每一件事**。我們必須抱持好奇心，勇敢檢視工作的每一個行動類別，增加執行的能力。你的辦公桌上或人生裡，是否有不值得你浪費寶貴時間的事？丟掉，刪減，去除。拿出萬夫莫敵的精神，勇敢下重手。生活太滿了，我們必須學著放手。

簡化大哉問

如同大型減速丘會讓你慢下來，問題絕對會讓你暫停。接下來的「簡化大哉問」，也能在你的工作與生活中發揮同樣的作用。這四個高度靈活的問題，將協助你停下來，巧妙引導你應用幹勁、卓越、資訊與行動力。每一個簡單問題都帶你**去蕪存菁**，替最重要的工作清路。這四個問題提供了架構，方便你和其他人討論減法，我等不及要讓你擁有這項工具。我幾乎每星期都用在自己身上：

- 有可以放掉的事嗎？
- 到什麼程度就算「夠好」？
- **真正**有必要知道的事是哪些？
- 哪些事值得花心思？

每一個問題都會回到一種時間小偷風險，變成補救的辦法：

• 幹勁——幹勁變成衝過頭的時候，你需要聽到：**有可以放掉的事嗎？**

• 卓越——當卓越變成完美主義時，你需要聽到：**到什麼程度就算「夠好」？**

• 資訊——資訊過載時，你需要聽到：**真正有必要知道的事是哪些？**

• 行動力——事情一發不可收拾時，你必須停下手忙腳亂，聽見：**哪些事值得花心思？**

這四個問題除了能用在個人身上，團隊與組織也適用（把「我」改成「我們」）。只要碰上過載，或者又出現不知饜足的衝

制伏小偷的四個大哉問

資產	風險	解藥
幹勁	衝過頭	有可以放掉的事嗎？
卓越	完美主義	到什麼程度就算「夠好」？
資訊	過載	真正有必要知道的事是哪些？
行動力	無頭蒼蠅	哪些事值得花心思？

動，我們都可以問這些問題，找出自己習慣性讓哪些小偷得逞、改成怎麼做才務實，從浪擲精力轉向做有價值的事。

運用四個問題

唐娜是標準的完美主義者，甚至喜歡開玩笑說自己是小CDO（把強迫症的英文縮寫「OCD」，改成按字母順序排列）。唐娜在快速成長的飲料品牌擔任行銷總監，完美主義原本是她的重要資產，直到走火入魔。唐娜無法分辨和業務有關的完美主義（替新的廣告招牌挑顏色）與「消遣性質」的完美主義（讓非正式的電子試算表欄寬一致），她迷失在細節裡，把大量的時間耗費在不會讓業績有進展的事。

有一天，上司把唐娜拉到一旁，告訴她一個有點粗俗、但令人難忘的比喻：「唐娜，在行銷上搞完美主義，就像尿在深色褲子上，沒人會注意到，只有你會感到湧出一股暖意。」唐娜大笑，承諾不會重蹈覆轍，上司接著向她與其他幾位情況類似的團隊成員，分享白色空間的概念。唐娜開始學習各種作法，隨時問自己簡化大哉問中的「到什麼程度就算『夠好』？」。一開始，唐娜覺得不追求完美太可怕了，但很快就發現這種心理篩選法十分有用，可慎選她寶貴的卓越金幣要用在哪裡。

每個人會對不同的問題心有同感，這正是這套問題的魅力所在。我們會被自己最需要的那一項所吸引，馬克．包畢利（Mark Baublit）就是這樣。他只使用其中一題，但那題正中紅心。馬克十六歲時，向家裡認識的人討了人生第一份工作。對方把他扔到五萬平方英尺大、木屑滿天飛的櫥櫃工廠，告訴他：「你自己看著辦。」馬克在沒人指導的情況下，就讓廠房改頭換面，從原本危機四伏、堆滿木屑、沒事會被地上的夾板固定器絆倒，變得井井有條。老闆走進廠房，驚訝到只說得出：「天啊。」馬克從此平步青雲，沒多久就擁有令人羨慕的職涯。

馬克的工作紀律是向父親學的：「父親是我這輩子見過最勤奮的人。」然而，由於馬克忙於工作，在職涯早期「出賣」健康，冷落家人。他自行創業後，平日會問「哪些事值得花心思？」，協助自己慢下來。馬克的答案是「刻意指導」（intentional mentorship），他認為自己的使命是協助員工理解團隊的目標。此外，員工不能和他先前一樣，而是要懂得自我照顧。馬克表示：「當員工認同願景時，他們會樂意拿出最好的表現。」馬克因為定期自問他最有感覺的簡化大哉問，得以大幅減輕壓力，協助整個團隊在工作時「減少蠻力，增加專注」。

工作日的所有元素全都能透過發問，成為自己或團隊削減的目標。以簡報用的投影片為例，我們公司訓練過的全球金融企業團隊，在確認最終的簡報版本前，至少要走過二十幾版的草稿。如果你們組織也是類似的情形，那你應該停下來問「簡化大哉問」，讓人才解脫，不再把那麼多的力氣浪費在這種耗時費力的事情上。

至於簡報要做到多漂亮，那就問：「到什麼程度就算『夠好』？」小組可以一起討論需要耗費的設計時間並對比價值，尤其是僅供內部會議使用的投影片。

對於簡報該放哪些數據、數字、圖表，詢問「**真正**有必要知道的事是什麼？」，將是保護你的力場，讓你免於被浪費攻擊。這個問題可能引發棘手的爭論，究竟哪些資料該發給大家閱讀，哪些則該放進簡報用的投影片？你可能因此把某些細節放在最後的索引，或是開會前發給大家預讀，也可以放在會後的補充資料（事後分享）。

用「有可以放掉的事嗎？」或「哪些事值得花心思？」這兩個問題，檢查你的投影片習慣。你可能會發現，花在某些投影片的時間，**完全**是在浪費時間。你可以勇敢同意，把某些投影片換成想好才開口的事前對話。選擇這麼做不僅能省下大量時間，還能順便鍛鍊簡報技巧。

當個珍・古德

我已經和成千上萬人分享過簡化大哉問的減法用途。不少人在採取行動前會先適度觀望，但大部分的人一下子急於行動，現在就要做。他們終於首度發現自己被吩咐做的事（或是他們要別人做的事）到底有多荒謬，因此瞬間化身為千手觀音，大砍可能浪費時間的每一件事，直到被我制止。

快速選中的刪減目標，八成有風險。你想在第一天就澆熄人們採取減法心態的熱情？那就讓他們砍掉錯誤的工作事項，付出慘痛的代價。情緒指揮我們加速時，反而該慢下來，進入人類學的慢速模式，先評估與觀察再說。你在動工作量的任何一根寒毛之前，先花點時間效法珍．古德的行為。

從前從前，古人類學家路易斯．李奇（Louis Leakey）雇用了三名初出茅廬的年輕女性，把三人派到全球的不同角落，生活在奇妙的荒野裡。黛安．佛西（Dian Fossey）到盧安達研究山地大猩猩，碧露蒂．高蒂卡絲（Birute Galdikas）在印尼和紅毛猩猩同住。最受民眾歡迎的珍．古德，則到坦尚尼亞研究黑猩猩。古德的寫作引人入勝，不僅記錄對身旁人事物的觀察，通常還會寫下自身的感受與行為。[2]

各位在做減法前，請先爬上煙霧繚繞的山丘，觀察你的軍隊，檢視你的公司、同事與你自己。不要妄下定論；先寫下田野筆記，採取人類學者的思考方式：充滿好奇心與中立。

- 哪些工作感覺沒意義？
- 大家有時間思考嗎？
- 讓一切值得的有意義的工作是什麼？
- 有足夠的時間做那種工作嗎？

- 是哪個接觸點造成阻礙？
- 公司有哪些逼瘋每一個人的荒謬事？
- （不要邊想邊砍，會有時間的。）

如果你是領導者，那就請團隊分享他們有過、但不曾說出口的想法。假如你的語氣讓人感受到你的真心歡迎，還搶先分享自己沒做好的地方，人們或許真的會實話實說。各位充滿幹勁和行動力的朋友，你們會很想快點結束這個階段，但請你們要有耐心。各位熱愛卓越與資訊的朋友，你們則會希望延長這個階段，直到做了「足夠」的研究或「弄對」為止。大夥兒折衷一下，研究一兩個星期，我們就會揮舞綠旗，讓你們快點出發。

做減法時，起初最好謹慎一點，原因還有一個：我不希望有任何人因為方法太笨拙，最後破壞專業的名聲，讓人認為你做事沒耐心。不要因為你個人的好惡，忘了你人在哪、你替誰工作。有的人會眼睛發光，急於發動減法起義，我永遠在輔導這樣的人士，確保他們採取安全的步驟，以免危及職涯，被資深的領導者開刀。長官或許沒有進步的思維，但開除人不是難事。

鮪魚 vs. 磷蝦

利用大哉問奪回時間與專注力時，需要區分兩種主要的減法漁穫：鮪魚或磷蝦。大西洋黑鮪魚是龐然大物，如果你捕獲這種閃閃發亮的頂級掠食者，光是一隻就能飽餐無數頓。不過，抓不到大魚沒關係，也可以積少成多，靠體積小但蛋白質豐富的水產過活，例如磷蝦。這種迷你甲殼動物的抗氧化劑比魚類還高，而且數量龐大，在這顆星球上的生物質超過全人類。

剛接觸減法心態的積極新人，大多會尋找鮪魚。他們想取消為期三天的移地會議，退出國際市場，或是放棄某個多年期的專案。他們想當賈伯斯。一想到企業的巨型鮪魚廢物被抓到，在甲板上做臨死前的掙扎，他們拍手叫好。

然而，我個人喜歡磷蝦。對絕大多數的人來講，磷蝦也是比較好的起點，例如當白色空間的使用者告訴我，他們開始會讓每場會議提早五分鐘結束。又或者是刪去客戶追蹤軟體的一個欄位，替團隊裡的每位銷售人員省下半秒，一天省六十次，乘上一百位銷售人員，接著利用多出來的時間，推敲價值主張。當客戶團隊把複雜的支出報告換成每日津貼，我的大腦就會快樂地算起數學。當你試著把磷蝦拖上岸的時候，磷蝦不會撕裂你的肩膀。

有一次，我的公司在客戶位於華盛頓特區的美麗教學廳講台上，發現一大堆磷蝦。在問答時間，有人提到他們採取「5—15報告」。[3]我尊重這種生產力工具，但完全可以去掉。團隊寫「5—15報告」，為的是不寫沒人讀的冗長大型報告，改成每週寫精簡的報告，摘要他們的成果、優先順序與挑戰。目標是五分鐘就能讀完近況更新，寫的時間不超過十五分鐘。

然而，即便「5—15報告」算是輕量級的報告，對這個創意團隊來講仍然是負擔。這種簡化報告格式的技巧，照樣讓我立刻聞到磷蝦的氣息。我們因此算了一下：一百五十人乘上每週二十分鐘（假設讀一份、寫一份），等於每週三千分鐘或五十小時，再乘以五十個工作週，也就是一年要花二千五百個小時。從這個新角度看事情時，那群聰明的專家這下子便能討論「5－15報告」是否為最佳的時間使用方式。「5－15報告」是目標明確的實用更新法，但能否拉長間隔時間？是否真有必要讓每個人都寫？

你個人和組織應該從磷蝦開始，等到愈來愈敢放膽去做、熟練之後，再開始考慮鮪魚的事。哪些繁重的流程壓垮你們？用戶建議的哪些新功能，目前感覺不提供不行（但也不一定要提供）？你決定延後推出哪些產品或功能，或者乾脆不做了？你知道那些大型的每月員工向心力調查嗎？會不會每季調查一次就夠了？那些調查真的有用嗎？

千萬要留意，不論是鮪魚或磷蝦，兩者永遠都會在你的組織裡增生。**它們會捲土重來**。你剛清完一堆，轉身發現又有一堆，這種情況很正常，但還是要盡量防止它們再度出現。堅守你的立場，提醒自己沒塞事情的時間的價值，你將得以趁機喘息、做減法、反省，做有建設性的事。

授權與延遲

把事情交給別人，顯然可以空出更多時間，但人們會遲疑是否真要這麼做。原因包括整體而言的不信任、特定事項的不信任、擔心被取代、找人幫忙會有罪惡感，或是自認每件事都能做得比別人好。有的人會「半授權」，理論上把專案交出去了，卻仍然盯著不放，讓被授權的人很痛苦（一舉一動都被監視，很難做事）。此外，授權原本是為了獲得白色空間，這下子照樣沒有白色空間。

你是否聽說過，於一九八〇年代的尾聲，在亞利桑那州的沙漠，出現過有如科幻小說場景的「生物圈二號」（Biosphere 2）？科學家蓋出巨大的玻璃建築，模擬真正的生物圈，也就是包含生物的地表。那是史上最大的封閉式生態系統，也是生態與科技的交會點。八名科學家穿上藍色連身衣，把自己關進這個環境，裡頭複製了地球的七個生物區系，包括雨林、珊瑚礁和一大片人工的稀樹草原。科學家在裡頭居住數年，自行栽種百分之八十三的食物，有嬰猴（長得像狐猴的靈長類動物）與他們作伴。

整個計畫後來內爆，失敗的原因包括成員關係緊張、供氧不足。生物圈二號裡的樹木吸收了分量理想的水和營養，長得又高又壯，但接著就會神祕倒地死去。怎麼會這樣？原因是那些樹不曾暴露在風中。[4] 樹木在抵抗強風時的微動作，能讓樹木細胞強壯。結締組織必須培養張力，樹幹才會健康。

透過樹木的意象就能明白，我們必須授權給團隊，讓他們也能在風雨中強壯起來。經常把任務交給你信任的第一階成員，但不要錯過培養第二階成員的機會：把事情交給你幾乎算信任、但還不完全信任的人。唯有如此，才能培養出新人才，壯大第一階的陣容。此外，不要落入塑身衣症候群（Spanx syndrome）——把肥肉擠來擠去，不會讓任何脂肪真的消失。授權或甚至是自動化，能讓我們不必管減法的事，對極簡主義者而言永遠是首選。

我們有時會因為我所謂的「六星期幻覺」（Six-Week Delusion），而遲遲無法控制鮪魚。舉例來說，廠商若三度要求碰面，你可能會回答：「現在沒辦法，但我能在八月（大約六星期後）見面。」你未來的行事曆目前一片白色，看起來空蕩蕩的，相較於當前手上都是事情的這個月分，八月看起來可以輕鬆排出時間。然而，如果真的細想一下，就會知道其實在四月底的時候，六月中也很空，但不知怎麼就滿了。接下來的時間也會這樣，未來的時間永遠都是這樣。

現在八月了，時間再也不充裕。客戶急著要很大的東西。改善事業的新點子來敲門，但你照樣得烤起司三明治給孩子吃，下班後還得耐著性子當他們的仲裁者。先前日曆沒寫上太多東西，造成你判斷有誤，還以為有望與客戶見面，最後只能勉強擠出時間出席，你的鮪魚又溜回大海。

學著授權與精確判斷未來有多少時間，是一種能漸漸培養的能力。多多練習放手後，就能積極挪出時間，做恢復、反思與建設性的暫停。你將有辦法以少做多。拿掉腳踝上的訓練負重沙包後，你便終於知道自己能跑多快。

砍掉心頭肉

出版業有一個討厭的說法，要你「砍掉心頭肉」（kill your darlings），意思是寫文章或寫書的時候，為了凸顯更重要的主題，有的段落你雖然很喜歡，卻不得不刪。我們在工作時也一樣，為了釋放精力與才能，也得犧牲心愛的專案和點子。

我的輔導團隊有時會協助客戶推動這種流程。有一次，我們合作的執行團隊實在是想不出任何能砍的事。這個團隊平日的工作大多是直接面對客戶，挑戰性因此更高。我們展開了冗長的減法時間，在牆上放好掛紙，方便團隊替整個部門的任務與專案進行整體的腦力激盪。果不其然，光是要列出工作清單，就花上不少的時間，只得隔天再繼續。

接下來是找出最不可或缺的工作項目，其餘的則成為減法候選人。經過困難重重的對話後，團隊終於達成共識，找出所有人都認為最關鍵的三樣工作，三個都加上紅框。接著，每個人打開味道刺鼻的新黑色馬克筆，開始「逛博物館」，在牆上的掛紙前走來走去，打勾可以運用減法的項目，看是要授權、延期、縮小規模或不做了。每一個沒有紅框的項目，都是可以進一步處理的工作，但團隊走來走去，整整看了一小時，最後回來告訴我們，一共有……沒錯，**零個**可以刪減的項目。

這種結果不出意料，畢竟若是不重要的工作，一開始就不會被放進清單。此外，改變複雜的流程通常難如登天，很難找出大家都同意刪減的工作項目。你認為沒意義，但我覺得很重要，沒人想放棄自己的心頭肉。

這種認知偏誤的名字是「IKEA效應」（IKEA effect），[5]意思是我們協助組裝過的東西，在我們心中的重要性會高到不成比例（即便抽屜不是很好關）。我們的正面自我概念，會外溢到花過力氣的事情上。要理解IKEA效應的話，又要先了解「勞力辯證」（effort justification）這種認知失調：[6]我們在做困難或費勁的事情時，都想要相信若需要這麼費力，絕對有合理的原因。我們因此很難放棄花過心血的低價值專案。

到了討論時間的尾聲，客戶團隊終於找到一個小小的突破點。有一名成員不肯放棄，在掛紙前走來走去，找出一個沒人真正需要的報告，接著另一個人小心翼翼提議，或許可以不做；事情開始有進展了。該團隊的領導者得以大幅改善工作與部門文化，只不過他和每個人一樣，覺得最初有如上坡路段，走得有點吃力。

笑一個

就算你從來沒看過《隱藏式攝影機》這個節目，可能也哼得出主題曲：「笑一個，你上電視了。」（*Smile, you're on Candid Camera*）不過，假如你的年紀差不多可以買電影優待票（或是愛看經典的電視節目），你大概能想起《隱藏式攝影機》的有趣之處，是在於民眾在不經意的情況下，顯露出真正的樣子。我父親擅長挖掘人們真實的一面，他這個絕招是在軍隊練出來的。

我爸在二戰時，在奧克拉荷馬州馬斯科基（Muskogee）的陸軍通訊兵團擔任少尉。他的任務是錄下士兵給親友的話，但碰上一個困擾：美國大兵在練習時講話都很順，但等到錄製的紅燈一亮，大家就開始緊張，舌頭打結；偏偏錄音盤很貴，錄壞了又不能重來。我父親決定切掉紅燈，在士兵不知情的狀況下，錄下他們於練習時說的話，結果正好記錄到真情流露的時刻。在民眾不知情的狀況下錄製的核心概念，後來化身為廣播節目《隱藏式麥克風》（*The Candid Microphone*），隨後又演變成電視節目《隱藏式攝影機》，成為真人實境節目的先河，自成一個類別。

父親的節目使命是捕捉人們「做自己」的時刻，突出他們非常獨特的一面。停下來做減法的目標也一樣。我們想要揭開浪費的面紗，讓**你**能展現最美好的一面，無拘無束，自由翱翔。此外，你最好的一面，將包含你從時間小偷那兒獲得的助力與能力，因為這種事有甜蜜點。在紫花藤蔓生長過盛前，**美不勝收**，那是光譜的開端。接下來，小偷的長處被用在好事上，到了此時都還可控。然而，再接下來，小偷開始借用不屬於它們的資源，我們不堪負荷。我們要一起努力找到那個點，試著從那裡開始平衡。

傳奇現代舞者瑪莎·葛蘭姆（Martha Graham）說過：「你就是你，這世上只有你能帶來那種獨一無二的表達。如果你加以阻擋，那股生命力將永遠不會以其他任何的媒介存在，就此消失在世上。」[7]簡化大哉問能把你帶回來——把你還給你。你將鎮定下來，掙脫情緒的束縛，協助自己改變預期。接著，簡化大哉問將清好舞台，你站上去，盡情揮灑自己。

1分鐘思考時間……

簡化大哉問

記住：

- 利用策略性停頓做減法——去掉一天中的瞎忙，挪出更多空間給有意義的工作。
- 用四個重要的問題，巧妙應用幹勁、卓越、資訊、行動力：

一、有可以放掉的事嗎？（幹勁）

二、到什麼程度就算「夠好」？（卓越）

三、真正有必要知道的事是哪些？（資訊）

四、哪些事值得花心思？（行動力）

- 最好慢慢來，和人類學家一樣，在拿掉任務、專案或待辦事項之前先觀察。
- 做減法的時候，很多的簡化小目標（磷蝦）加起來，可以比大目標（鮪魚）更有效、更沒壓力。

問自己：

- 「我沒替哪些有意義的工作挪出時間？」

CHAPTER 6

緊急的幻覺：擺脫現在文化

> 校準緊急程度，空間自會出現。

在前工業時代的農業生活中，勞動者會在工作時嚼古柯葉（古柯鹼的原料），因為有了化學作用的助力後，微「嗨」能支持烈日下的重複性體力勞動。

各位在工作時大都不需要做體力活，但當你嘗試高難度的問題解決工作時，其實不知不覺間，也是在「嗨」的狀態下一鼓作氣完成。這裡指的不是你在生日時偷吃小熊軟糖的「嗨」，而是緊急幻覺改變了你的心理狀態。這種「每一項工作永遠都很急」的慢性病，讓每個人永遠處於戰鬥或逃跑狀態——日復一日，整天都這樣。

你是否曾在兵荒馬亂中按下寄出鍵，接著一陣後悔？緊急的幻覺造成你衝動行事。你是否曾經脫口說出答案？那再度是緊急幻覺搞的鬼。溝通的哈姆立克急救法，朝你的肚子突然來這麼一下，你就吐出了答案。

寄出那份提案！回覆簡訊!!完蛋，又有新訊息!!得快點回，不然就會被說搞失聯。身旁的人不停跺腳，不停敲筆，快快快，快一點。我們預設自己經手的每件事都具有時效性。我們在每一條走廊，每一個角落，大喊著：「狼來了！」這種工作方式導致我們想也不想就浪擲寶貴的精力。

如同黴菌會在潮濕的陰暗處欣欣向榮，時間小偷在緊急的幻覺中大量增生。我們的回應速度愈快，就愈無法三思而後行。我們在那樣的模式下，只能盲目行事，無法判定每一刻要做到多少程度的幹勁、卓越、資訊與行動力。

當你走在白色空間的道路上，關鍵將是懂得反駁其實根本沒那麼急。腳步不匆忙的時候，無論是執行策略性停頓、理解時間小偷、進行簡化大哉問，效果都會更好。然而，當我們的身體習慣看也不看就跳下去做，我們便喪失深思熟慮的可能性，製造出害自己走上歧路的預期——我就碰過這種事。

和平飢渴

一九九八年，我尚在摸索白色空間，研究團體引導法（group facilitation）。我飛往以色列，參加巴勒斯坦與以色列的「同理聆聽」（Compassionate Listening）和平計畫。來自衝突區的人們，一起參加數十場會議。成員五花八門，有阿拉伯的詩人、正統派的猶太拉比、以色列議會的小組負責人、加薩走廊的失聰兒童。我的心得是，當你是來自美國的猶太女性，而你今天住在巴勒斯坦解放組織（PLO）官員於希伯侖（Hebron）的家中，過幾天又住在約旦河西岸屯墾者的房子，那你最好保持開放的心態，包括政治上的開放、宗教上的開放，以及我發現在飲食上也得有開放的心態。事情是這樣的，我碰上具備古中東特色的黃瓜折磨。

我們被告知，在我們寄住的所有地方，連阿拉伯家庭也會提供晚餐。由於行程的緣故，我們通常和忙碌的觀光客一樣，一天要趕場很多地方，忙到忘了用餐，或是吃幾包不新鮮的花生或油膩洋芋片充飢。我們不曉得阿拉伯人是在中午吃豐盛的熱食。我們夢想中的塔吉鍋燉肉、番紅花雞、開心果飯，通常早在我們抵達前就被一掃而空，大餐是好幾個小時前的事了。我們每天晚上滿懷希望，飢腸轆轆走進主人家的廚房，但老是吃到和零食差不多的簡單冷食。我們還以為是主人家窮，或是招待不周，才給客人吃那種東西。每天晚上都發生一模一樣的事。先是一定會出現的皮塔餅（pita），再來是神祕的粉紅色薩拉米香腸，接著是黃瓜。有沾醬的黃瓜，沙拉裡的黃瓜，什麼都沒有的黃瓜。黃瓜就像星期日晚上的電話推銷員，陰魂不散。

你會以為我們終於想通是怎麼一回事，但每天晚上都是全新的失望。當人們陷在自己的預期裡，心智就是如此頑固，和北美人一樣認定晚餐就該是豐盛的熱食，午餐才是簡單的冷食。

我們對於工作步調的期待相當根深蒂固，就和黃瓜餐一樣，我們看不透。動作愈快愈好，工作是一場競賽。究竟做得好不好，評判的標準是速度。你沒立刻回應，代表有問題。我們無法等待。每一封電子郵件、每一個通知聲、各式各樣搶占注意力的事，我們有如巴夫洛夫被制約的狗，這一秒就要滿足期待。

緊急的幻覺造成我們隨時沒事就打斷同事。壓力導致我們認為自己的需求十萬火急，比同事被我們偷走的時間還重要。然而，我們的小偷短視近利，忽略這種行為會有報應。我們打斷別人，別人因此預期與接受被打斷，接著四面八方的人開始打斷我們。

對話時的緊急幻覺，導致我們不可能先想好再回應，也無法忍受對方因為需要想一下而暫停。如果臨時有重要任務（太多公司每天都這樣），我們不敢先冷靜下來，弄清楚要做的範圍是什麼、誰該參加、時間線，或這個要求的細節到底是什麼。我們比較可能做的事是大手一揮，掃掉桌上目前的東西，然後快快快，甚至忽視匆忙弄出的東西可能要重做。當迫不及待的小雞叫個不停，要你快點餵飽牠們，這種時候不可能做任何深度的工作。我們告訴自己，我們別無選擇。

那是幻覺。時間沒變快——是你在加快。你決定要匆忙。你的髮型是你的選擇。你的嗜好是你的選擇。你說的話是你的選擇。緊急是你的選擇。你的老闆和團隊可以寫故事，把每一樣東西灑上一層瘋狂的金粉，但你不必相信。事實上，選擇不參加這種特定的社會從眾，對你和公司都會有好處。

真正緊急的事

讓我們來做一下對照，一個是我們日常的緊急幻覺，一個是再真實不過的緊急場所——急診室。我曾經受邀到急診護理師協會（Emergency Nurses Association）演講，為了準備內容，我做過比較。那次的演講題目挑戰性很高，畢竟急診室護理師的工作**真的**緊急到分秒必爭，生死交關，無法重來。那麼急診室的護理師，到底該如何讓某些事的優先順序高過其他事？

崇高的護理工作需要採取不偏不倚的情緒立場：你必須有愛心，與病患連結，但不能過頭，以免被生老病死的憂傷情緒壓垮。我想到白色空間能協助急診室的護理師找到平衡點。當身旁是醫療設備警示音、嗶嗶作響的呼叫器、生命徵象監測、狀況危急的病患，急診室護理師在需要策略性暫停時，是否有可能停下？我們發現有可能。

我們和急診室的護理師合作，找出哪些時刻光靠腎上腺素就能撐過去，哪些時候策略性停頓則是關鍵——白色空間將能支撐急診室的護理師，協助他們把工作做得更好。護理師的創意開放性令我著迷。我們發現，護理師必須徹底洗手的程序，恰巧帶來了充裕的時間，能鎮定地進入心智的白色空間。雖然急診室護理師一天之中雙手不得閒，在走廊上競走數百次，但他們在身體動作不能停的同時，心智可以來一點提振精神的暫停。

每當回想那次的合作，我都會想起什麼是真正的「緊急」。有出血嗎？還有脈搏嗎？這種問題才叫緊急。報告出去了嗎？投影片放的數據夠多嗎？**這種事沒那麼緊急**。

我請教某位護理師，當急診室擠滿需要分診的傷患，嚇壞的母親在掛號窗口大吼大叫時，她怎麼有辦法保持情緒平衡。護理師回答：「我暫停，我微笑，然後告訴整排的人龍：『一個一個來。』」

緊急的類別

白色空間的工作法，拒絕接受緊急的幻覺，不採取急驚風式的作法。我們因此得以支配自己的選擇，一個一個來，一次一個人、一個團隊、一個互動，從「現在就要的文化」，改成推廣「有目標的急」。第一步是從「見縫插針」做起，各位現在已經曉得如何運用這個方法。在緊急幻象的情境中，每當人們要你評估「什麼時候會好」或「多快會好」，隨時都能插進小小的白色空間。

在這些時刻採取策略性停頓，就能避免把別人眼中的緊急當成自己的。被催促時，利用見縫插針法，強化你的衝動控制。衝動控制是關鍵的技巧，意思是有辦法停下自己，不會一有衝動就去做。你在暫停期間慢下速度，分辨眼前的事情屬於哪一種緊急類別：

緊急狀況下的見縫插針

圖 7

一、不具時效性：這個類別看似明顯，但我們很少會承認某個需求「不具時效性」。大聲告訴團隊、助理、當然還有你自己，這件事不具備時效性，每個人排列優先順序的能力就會大增。你得直接明講，才能協助其他人看出某件事沒有時效性，因為大家沒想到工作上還有這個類別。

二、具備戰略時效性：此時，行動速度和商業結果**有關**。如果你插進白色空間後，判斷具備戰略時效性，那麼快速行動將能推進你的事業與職涯。然而，即便你判斷某件事具有急迫性，但急迫和急診不一樣，仍然可以冷靜處理。你的減法做得愈好，累贅就愈少，也愈容易選擇要針對高價值的需求快速採取行動。

三、情緒上的時效性：這個類別的需求會偽裝成具備戰略時效性，但其實沒這回事；優先做這件事的衝動來自別處。好奇、焦慮、擔心、控制欲、模稜兩可所造成的不安，以及行動力時間小偷預設的超高速步調，全都有可能參了一腳。就連正面情緒也可能火上加油，例如興奮或新奇。然而，如果你找來《星艦迷航記》裡的瓦肯人史巴克（Spock），這位中立大師會證實你的動機偏向情緒，而不是理性。

在以下的幾種例子，你應該運用剛才的三類別框架：

- 臨時要求任何數據或報告之前。
- 寄信詢問計畫進度之前。
- 增加產品線的新產品之前。
- 投入大量資金之前。
- 在你用訊息打斷人或親自去找他們之前。
- 在會議上問離題的問題之前。
- 在你安排臨時會議之前。
- 以及，當然，在你被叫去做以上所有事的時候。

見縫插入白色空間，控制住你想立即獲得滿足的渴望。用剛才的三個類別，評估真正的緊急程度。接下來，如果某件事真的很急，那就告訴大家這件事或採取行動。當然，你判斷某件事帶有戰略時效性後，仍然必須決定相較於其他工作，這件事有多緊急。見縫插針再度是你找出答案的空間。把你判斷為確實緊急的事全部列出來，接著運用理智而不是反射動作來分類。你在評估優先順序時，不妨學學優雅幹練的企業溝通長莫妮卡。

莫妮卡第一次接觸緊急幻覺的概念時，心想：「這就是我整個職涯的縮影。」不過，後來的一場特殊事件，讓這個概念走過關鍵的測試。美國民眾在二〇二〇年抗議警方暴力執法，要求種族平等。莫妮卡的芝加哥小型團隊身處升溫的緊張情勢之中。星期五很晚的時候，莫妮卡的團隊收到看來十萬火急的任務，他們必須刊登聲明，說明公司對於這件事的立場。

由於當時群情激憤，莫妮卡幾乎不可能暫停，必須快點「生出東西」的壓力非常大。身邊所有的大品牌爭相發出新聞稿，宣布自己關心此事，還捐錢做對的事。有太多「秀」得做：必須讓大家看見他們正在處理、他們在乎、他們有辦法快速行動。

然而，莫妮卡從過去的經驗得知，暫停一下之後，後續的每件事將會更聰明、更有效。莫妮卡要團隊做一件看似不可能的任務——先回家，週末好好想一想。他們花時間冷靜下來，認真思考所有選項。星期一的時候，團隊擬出經過深思熟慮、不會後悔的優雅策略，成功地反其道而行。

黃名單

對抗緊急幻覺時，不僅要看你如何回應他人的時間框架，也要看你的速度如何影響與感染他人。當你明白只該分享具備戰略時效性的工作項目後，便需要有地方記下其餘的事，等到正確的時間再做。

「黃名單」可以幫助你解決這個問題；你將在這份文件中「暫存」之後需要討論的事。這個名字源自 iPhone 的黃色備忘錄圖示，黃名單就是在 iPhone 上誕生的，不過這個名字也隱含另一層的意思：紅綠燈之間的黃燈減速。充分利用這項工具後，你就能進一步控制衝動，調整緊急程度，大幅減少不必要的通訊。

不論用哪家手機的備忘錄都沒關係，黃名單的用途是針對你經常來往的人，搜集所有不具時效性的問題、點子、議題。你可以針對每個人分別列一張清單，或是只列一張大清單，用姓氏來分隔。為了避免一想到什麼事，就冒冒失失找對方，你要利用這個工具合併可以等待的通訊。

當黃名單變長後，安排幾分鐘時間，和合適的人分享，或是先存著，等固定的一對一會談時間到了再討論。一次溝通一批事的生產力，將遠勝過想到就把人找來，「凌遲式」地東一點西一點問（也就是多數公司的常態作法）。你可能偶爾必須召開簡短的臨時會議，但開這種會議是值得的。你可以每天或每隔幾天和助理或團隊確認，看看有沒有事要討論，免去所有人動不動就被打斷的困擾。

黃名單可以帶來減法的神奇效果，實際上會讓某些需求消失，因為等真的見到面，有時已事過境遷，那個資訊或那件事早已不重要。領袖請注意，你與助理或團隊的黃名單對話，可能會導致你的工作跑到他們身上。你永遠都該假設，最後一分鐘才提出的緊急需求，將**取代**對方原本安排好的工作，而不是額外增加工作量。你在又上一道菜前，一定要先看一看員工和同事的盤子，評估與觀察已經有多滿。我有一次忘了這麼做，便丟給助理一大堆事，交代完後開心地歡呼：「太好了，我的清單空了。」助理則喃喃自語：「我的可不是。」我沒先停下來考慮助理的工作清單，也沒展現同理心，沒提供有建設性的選項。

我合作過的高階主管Ａ，也使用某種版本的黃名單，但他在每次對話後，還會再額外寄重點整理，等於抵消了這項工具的減法效果。Ａ表示自己這麼做，一部分是為了留存紀錄（這能用筆記軟體輕鬆取代），另一部分是為了確認雙方清楚交換了資訊（A不完全信任團隊）。我發起挑戰，請A省略這個事後的步驟。當然，書面紀錄有派上用場的時刻，除了日後有依據，管理者有時還能因此在責任鏈裡有能見度。然而，你該利用見縫插針法暫停一下，判斷需要「把事情寫下來」的時候，究竟是確實該這麼做，又或者沒有特殊理由，只是你怕出問題，便習慣性這麼做。

黃名單還能以正面方式改造電子郵件，因為電子郵件的核心威脅在於「多子多孫」。你寄出去的每封信都會有小孩，每個小孩又有小孩，也因此我們必須學著少寄一點信，從源頭制止無限增生。（我可以命名為「電子郵件結紮術」嗎？大概不行。）把這裡所說的電子郵件，換成其他任何的電子通訊與所有的即時通訊，同樣具備減法功效。接下來讓大家一窺我們公司的情況，就會知道要如何利用這個工具大幅減少電子郵件，順便減少隨之而來的一切緊急幻覺。

我們公司的內部通訊試著把每一件事全放上黃名單（只要有辦法）。大部分的時候，只有碰上特別適合用電子郵件處理的事，或是不用不行，我們才會寄信，例如為了寄副本；附上方便按的連結、影片或附件；分享需要慢慢消化的長篇資訊；需要留存紀錄的法律資訊。如果出差到時差嚴重的地方，很難打電話，我們也會多寄一點電子郵件。假如某件事具有戰略時效性，我們會寄簡訊和打電話，不寫電子郵件——前兩種管道比較適合同步通訊。其他的每一件事則放上黃名單。

以下是我個人使用黃名單的方式。假設在星期三，我突然想知道某個客戶的近況，假裝是艾克美輪胎好了。九成的時間裡，這種突如其來的欲望，背後毫無商業原因可言。我其實沒必要知道這間公司的近況，但我迫不及待想知道，不知道不行——現在就要。我如果那天腦袋清醒，就不會屈服於衝動，而是會停下來，打開負責這個客戶的銷售副總裁的黃名單，寫下：「確認艾克美輪胎」。接著發生什麼事？我的念頭有了家之後，就消散了。當我在下一次的雙月銷售近況更新時間，在會上聽到艾克美輪胎的資訊，心中微笑了一下，便刪掉黃名單上的這一項。這個問題顯然從頭到尾都不需要問，就順利解決。

來看另一個較為複雜的情況。我和某個夥伴處於最後幾個月的合作階段，我知道自己得退出。那是一段混亂的關係，涉及的金額又很高。在我真正宣布退出的那一天之前，有好幾個月的時間，黃名單是我安全發洩情緒的地方。我寫下所有讓我不舒服的事，或是希望能說出口的事。以這個例子來講，黃名單不僅是效率工具，還是治療工具——以零風險的方式，宣洩強烈的感受。我那些缺乏條理的反應，自己私底下知道就好，對方不至於遭受不公平的攻擊，我也能維護我的尊嚴。到了我準備提出「事業離婚」的那一天，我的感受已經被寫下，有發洩的空間，也獲得處理。我因此能保持鎮定，好聚好散，今日仍然和對方維持朋友關係。

最後，黃名單能協助你「醉時寫作，醒時編輯」。這句海明威其實沒說的名言，有時被小說家拿來替自己辯解，為什麼中午就來一杯野格利口酒。然而，這句話其實是在說，最初與最後的點子中間通常隔著冷靜期。中間需要隔一段時間的原因，在於獲得新靈感的當下，我們有可能失去客觀，掉進陷阱，陶醉於「這個點子超棒」的感受。如同談戀愛的頭幾個月，對方在你眼中一切都很美好，很難看出缺點。你可以利用黃名單，讓新點子有地方能醞釀一星期。允許源源不絕的創意與腦力激盪來刺激你的思考，但全都先放在儲存槽一陣子，讓迷戀的感受消退。當你回頭看點子時，如同才華洋溢的作家好好睡了一覺，吃了一些蛋，便有辦法看出哪些點子值得繼續研究。

追著你不放的客戶

釐清真正的緊急程度，也能協助我們處理需要和顧客打交道的事務。我們可以問：「在星期五下午，接受星期一就要交的期限，是否會帶來過度的壓力？如果設定更強的界線，是否就能避免這種事？」或是詢問你的國際團隊：「一天之中，我們接受視訊會議的時間，最早和最晚應該是什麼時候？」問這些問題能協助我們建立以服務為重的關係，也仍能保護自己。我們在採取小小的步驟來改變客戶的十萬火急時，請記住一句不會錯的口訣：「這對客戶而言有什麼好處？」很抱歉，但實話就是，多數客戶才不在乎你的日子是否因此不再那麼慌亂，他們只想要快點拿到東西。你在改變行為時，永遠要從替客戶著想的角度出發，而且——太好了！這的確也是實情。

當你訂出檢查郵件的時間表，而不是隨時收信（下一章會再談這件事），之後，不要對大家說你將減少收信的頻率，而是解釋你將偏向在**可預期的時間**收信。這種框架法的力量，源自醫院病患有多常按鈴找護理師的研究。如果沒提供護理師會出現的時間表，病人將不管事情緊不緊急，一有事就按鈕叫護理師。然而，假如護理師事先告知自己將在每個整點出現，病患叫人的次數便立刻減少。患者自然而然就能輕鬆分辨，哪些需求能等到下次護理師出現，哪些則需要立即處理。

假設你在廣告公司工作，或是任職於公司內部的服務部門，所有同仁都會找上你們，那就在你的對話與電子郵件簽名檔，加入某種版本的預期設定說明：「為了**方便大家掌握**取得服務的時間，我將在______回信。」在空格處填上你偏好的一天之中的三個時段，或是每兩個小時等等。此外，也可以直接和客戶談好「升級政策」，也就是雙方講好真正有急事的時候，你們認為怎麼處理會比較好。我的緊急程度分級方法：電子郵件——最不具時效性的事；簡訊——下一階；打電話——最緊急。讓合作對象知道，當事情的緊急程度升溫，該如何按照你的分類處理。詢問客戶偏好怎麼做，也分享你的分級方式。

如果你去度假，就設定自動回覆，宣布即便天塌下來，你也不會回信；也要提到休養生息過後，「全新的你」將如何以「煥然一新」的方式，再度服務大家。若要拒絕咄咄逼人的期限要求，那就解釋你需要充分的時間，才有辦法提供理想的服務。當別人交給你任何類型的工作時，別忘了問一個重要的問題：「你希望**何時**完成這件事？」這個問題能讓對方知道，你在乎他們的專案與期限，以增加你在他們眼中的價值，同時也能讓自己免於過度的壓力。（我非常訝異要是沒有習慣性問這個問題，有太多的廠商與服務提供者，會把每項專案的時間都訂成「愈快愈好」。）

此外，你要負起「訓練」客戶的責任。有的客戶和乒乓球一樣，飛快地一來一往，火力全開。有的客戶步調則較為悠閒，有如在美式足球場上扔擲螺旋式的長傳。萬一你打起乒乓球，一定要知道原因。如果你第一封信就秒回，便已經注定你將打哪種球。

若要改變你打的球種，你得一點一點慢慢來。如同訓練孩子長大後自己睡，一開始你坐在床上，再來是坐在靠近門的椅子，接著進步到坐在門口，最後不必陪睡。換句話說，你以幾乎無法察覺的方式，一點一點抽身。我們必須努力以這樣的方式重新訓練舊客戶，不能突然甩門，留下嚎啕大哭的孩子。

所有新建立的客戶關係都一樣，一開始就要以你希望日後也是那樣的方式展開。剛開始合作時，就要特別談到緊急程度的問題。遞給他們美式足球，選擇打美式足球。等你接到生意後（而不是接到之前），告訴對方：「我想討論回應的時間，這對提供絕佳服務而言很重要。我們預設所有的電子郵件通訊會在二十四小時內回覆。如果事情緊急，傳簡訊會比較快。這樣您可以接受嗎？」切記：只答應你有辦法做到的事，因為一旦說出一個時間框架，沒做到的話，對方自然會不高興。

大將之風

凡事不著急後，你將獲得額外的好處：你會更有大將之風。大將之風是一種無形的特質，帶來領導者的氣質，你看起來就是有王者風範，混合了鎮定、自信、謙遜、清晰度以及權力，令人羨慕。要是少了白色空間，那股氣勢會明顯減少。我請許多工作坊的參加者回想那樣的領袖，大家想到的細節包括：「沉穩、深思熟慮、擅長聆聽」；「一登場就指揮若定」；有學員還提到很明確的細節：「她記得自己見過的所有人的某件事，用和緩的手勢讓人冷靜下來。」

不論是與他們互動時，他們的注意力完全放在你身上；或是他們令人心安，時間掌握得剛剛好；說話不疾不徐，從他們的一舉一動就看得出來——這種類型的領袖很少把事情當成緊急事件。他們認為自己有權採取冷靜的步調，實際上也這麼做。

現在，跳接到**你自己**的真實生活電影畫面。你吞下蛋白能量棒，沒吃真正的午餐，用有點過快的腳步，跌跌撞撞走向影印機，一次處理五件事。你是否擁有優雅領袖的氣質？又或者你就像個慌亂的屬下，心神不寧？那不是你，你必須學會蓋過工作生活的速度金屬（speed-metal）背景音樂。刻意讓自己慢下來，模仿你見過的沉穩領袖。當你的步調加快，看起來（或是內心）很困惑或慌亂，請試著穩住自己。

很多人一急就不知道在說什麼，前言不對後語，這也是自貶身價的表現。此外，我們試著跟上緊急節奏時，通常會加上沒必要的填充詞，例如英語人士害怕講話停頓，不斷「就像」來「就像」去（like），讓英語毫無美感可言（其他類似的常見填充詞包括「嗯」、「你知道的」、「所以」）。

肯・柯曼（Ken Coleman）是全國聯播網電台主持人，也是知名訪談人，我和他聊過，為什麼人們很難讓對話出現空檔。柯曼認為這件事的確值得留意，他告訴我一個故事，故事中的厲害主角正好相反。有一次，柯曼訪問曾帶領蘋果與 Burberry 的傑出企業領袖安琪拉・阿倫茲（Angela Ahrendts），現場有一萬兩千人，而阿倫茲在回答某些問題時，整整停頓兩秒鐘，想了想該如何回答。「現場鴉雀無聲，」柯曼描述，「太不可思議了，觀眾全神貫注，看著她思考，斟酌字詞，然後才開口。這種情況很少見。」[1]

勇敢到能想個幾秒鐘才開口的人是贏家，原因就在此。如同柯曼所言：「你花多長時間回應並不重要。你**回應了什麼**才重要。」把這句話印出來，貼在你的牆上。

休假

如果你因為工作很急、壓力很大，所以放棄休假，最後幾乎一定會後悔。在應該休息時，「緊急」這個連續劇裡的壞人，捻了捻鬍鬚，做出最壞心眼的事。美國旅遊協會（US Travel Association）的報告顯示，在二〇一八年，超過一半的工作者不打算用完有薪假。[2]讓我再說一次：他們的**有薪**假。每個人不休假的原因林林總總，例如害怕要是不回電子郵件，回來後會有回不完的信。此外，沒有夠多的高階主管以身作則，重視休閒；也可能是擔心自己成為關鍵需求的害群之馬。然而，通常只是因為緊急的節拍器，讓人覺得不可能離開。至少在北美，人們不好意思開口要求真正的假期。我先生最好的朋友德魯，在多倫多從事ＩＴ工作，「累積」了兩星期沒休的假。他告訴上司，自己想用掉這個有薪假，上司說：「兩星期？你要**一次**請兩星期的假？」

休假能帶給工作的好處無庸置疑。安永（Ernst & Young）二〇〇六年的內部研究顯示，[3]員工每多休十小時的假，年終績效分數會改善八％。三分之二的工作者表示，他們認為休假後的創意和生產力都有所提升。確實休到假的人，和同事之間有更深的情誼，也對公司更忠誠。

聰明的雇主懂得提供休假，除了能提振員工的工作表現，還能表示自己關心團隊。[4]軟體公司 FullContact 的執行長巴特．羅朗（Bart Lorang）可能是史上最刻意提供假期的老闆。就只因為一張照片，改變了一切。有一次，巴特翻著和當時的女友（現在是妻子）出遊的照片，他們參觀了埃及金字塔這個人類的智慧結晶，但照片裡的巴特坐在駱駝背上，頭低低的，在看電子郵件。光是這根稻草，就打破了巴特的舊觀點。

那張照片讓巴特洗心革面——此後休假時，完全不碰工作的事。巴特不只是自己這麼做，他的軟體公司正在快速成長，但他讓全體員工也能安心休假。巴特希望對抗他所說的「英雄症候群」，也就是人們不肯脫離水深火熱的工作。巴特希望員工擁有真正**離開**所帶來的美好體驗。他是聰明的企業家，讓員工跟著錢走，推出「度假領薪水」（paid paid vacation）。每位員工都能領到一年七千五百美元的獎金，條件是必須休整整一星期的假，完全不碰工作。（萬一你不小心收了信，代價可真高。）

「度假領薪水」帶來了幾種層面的結果，除了替巴特的公司帶來企業主夢寐以求的士氣，還成為招募優秀人才的利器，從此不再有員工流失率與倦怠的問題。度假的員工回來時，精力明顯提升，等不及要展開下一個專案。

我同意巴特的觀點。休假的重點是讓你的心思隨著又休息了一天，逐漸遠離工作。反過來講，與工作保持聯絡的休假就像是從紐約前往洛杉磯，每隔幾小時就覺得需要回去一趟、看紐約一眼，只為了確定紐約真的不需要你。你不曾感到真正離開，也不曾真正抵達，聽不見海浪聲。

如果你通常是沙灘上唯一帶著筆電的人，壓低棒球帽簷，蓋住螢幕，阻擋陽光反射，那你可以嘗試「重返日」這個方法。請一位同事擔任你不在時的緊急聯絡人。接下來，在你休假回來的第一天，把那一整天空下來，用來回信、和團隊與上司進行一對一會面。你要讓大家明顯看到，你那一整天都留給「重返日」要做的事。如此一來，你將能有一段放鬆的時間收心與趕上進度，你未來會更有信心，放心在休假時不聯絡公事。

利用自動回覆，協助你的白色空間完成任務。不用道歉，不必想藉口——直接設立重要界線。我見過的最勇敢的自動回覆，曾經登上《大西洋》（*The Atlantic*）雜誌與《Inc.》，但每次人們看到還是會驚嘆太勇敢了。[5]「我人將不會在辦公室，有辦法收信的頻率大概不高。我在〔這些日期〕收到的電子郵件，將在八小時後由伺服器刪除。請在〔這個日期〕過後再寄信。」這個方法可以確保你休假回來後，安然度過重返日。

切斷聯絡是否會讓你感到渾身不自在？那是當然的。你是否會偶爾不小心還是上網了？有可能。你可能會偷瞄到訊息，但請記得制止自己，不要回信。下定決心後，你將更有辦法在休假時，不和外界聯絡。如果要擺脫緊急的幻覺，最有效的方法就是把一切都關掉，打赤腳喝起邁泰雞尾酒。等你休完假，重返工作，帶給團隊絕妙的新點子——這是巧合嗎？我們不這麼認為。

還有，別忘了，每天都要在工作與工作之間，休個迷你假期。緊急的幻覺會讓我們感到難以打卡下班，但斷線再回來是可以重振精神的。如果你在家工作，覺得要有神蹟出現，才能像分紅海一樣、分開工作與生活，那就設定你想休息的時間，在那個時間內，把所有工作物品全放進抽屜或櫃子關起來，眼不見為淨。

接下來，為了強迫自己真正抽離工作狀態，你在家人面前誇下海口，或是寄簡訊給朋友，站起來瀟灑地宣布：「工作時間結束。」或「今天就到這。」見證你這麼說的親友，將帶來適度的壓力，讓你下班就是真的下班，不再碰工作。

好了，我們已經來到第二部〈白色空間法〉的尾聲，即將把心得應用在其他重要的工作領域。你的超級英雄工具腰帶上已經有各式工具，我在這裡幫各位整理一下重點中的重點。不論什麼情境，每當出現壓力，你的頭腦開始難以運轉，只需要做**以下四件事中的一樣**，就能立刻再度聚焦：

- 暫停一下。
- 找出小偷。
- 問一個問題。
- 確認緊急程度。

這幾個新習慣可以分開使用或一起上陣，在工作時或在家用，協助你克服眼前的幾乎任何挑戰。

出發了。

1分鐘思考時間……

緊急的幻覺

記住：

- 你認為緊急的事，其實大都沒那麼急。
- 三種緊急類別能協助你重新評估哪些事要立刻做、哪些可以等：

不具時效性：不需要立刻有答案。

具備戰略時效性：快速行動與商業結果有關。

情緒上的時效性：緊急的感受源自情緒、好奇或壓力。

- 把不具時效性的要求與需求放進黃名單，精簡你的通訊，減少電子郵件與訊息的數量。
- 當你不疾不徐，會更有大將之風。
- 休假是專注力與創意貢獻的關鍵，不該被騙人的緊急幻覺偷走。

問自己：

- 「在工作的哪些領域，我可以不必那麼急？」

| 第三部 |

實務應用

CHAPTER 7

忠犬變狂犬：擊退電子郵件

❝讓電子郵件的數量變合理後，電子郵件就能再度協助我們。❞

喬琳是大猩猩保育的慈善機構主持人，你會以為她的動物直覺理應很強才對。然而，要到她養的法國鬥牛犬拿破崙一連咬壞、踩爛與摧毀三支 iPhone 後，喬琳才發現她的狗是在傳遞訊息：主人整天把注意力全放在手機與電子郵件上，忽略身旁的每一個人。

喬琳對成癮不陌生，曾參加過戒酒無名會，還參加了十七年。身為熟悉各種戒癮狀況的老江湖，她意識到自己的成癮變形了：不再喝酒的人經常會開始抽菸，戒菸的人則會暴飲暴食。不過，喬琳覺得自己變成對電子郵件成癮，隱形的危害更大。她整天用手機打字，瞬間秒回，但一切的負面行為都能被合理化，代表她認真工作，隨時聯絡得到人。成天收信是墮落，也是令人自豪的美德。

我的劇作家朋友說過，收信就像夏令營的美好時刻。輔導員帶來一大袋的信，所有孩子跳上跳下，引頸期待：「不曉得有沒有我的？」唯一的差別在於今日郵件一天會來一千次。

想像電子郵件從生活裡消失，我們不再注射這個令人成癮的科技後，可以隨心所欲運用的大量寶貴時間，將會從天而降——多到我們需要搜尋古老的記憶，回想到底該怎麼用。我們的心智會澄明到不可思議的境界，不再有干擾。有了氧氣助陣後，我們會立刻擁有更美滿的人際關係。

然而，我們不可能讓世上不再有電子郵件；我們試著減輕症狀，但徒勞無功，依舊無助地成癮。倒不是因為我們缺乏意志力，才如此離不開螢幕，那種癮是人為設計出來的——科技的創造者刻意讓人對螢幕欲罷不能，削弱使用者的自控能力。

舉個例子來講，崔斯坦・哈里斯（Tristan Harris）是人文科技中心（Center for Humane Technology）的共同創始人暨總裁，以及紀錄片《智能社會：進退兩難》（*The Social Dilemma*）的推手。哈里斯告訴我們，手機應用程式的「下拉更新」功能，讓用戶往下滑螢幕，就能接收到全新的內容，原理跟吃角子老虎機一樣，帶來同樣的多巴胺獎勵。[1]哈里斯的夥伴阿薩・拉斯金（Aza Raskin）也談到，他先前實在忍不住，一直上Reddit網站看看有什麼新鮮事，最後只得自己寫軟體，解決這樣的強迫性動作。[2]

我們的著迷讓我們付出代價。光是在開會或用餐時，在桌上擺著手機，別人對我們的印象就會沒那麼好。大家都是凡人，太清楚自己的吸引力比不上手機。麥庫姆斯商學院（McCombs School of Business）的研究顯示，手機放手邊的時候，我們的認知能力會大幅下滑——**就連關機了也一樣**。[3]手機放在別的房間的受試者，表現勝過手機放桌上的人，甚至也勝過手機放在口袋或袋子裡的人。如同超人和他的剋星克利普頓石，離得愈遠愈好。

除了強迫症的傾向，社會從眾（身旁的每個人都在收信）、預期（收到好消息或壞消息帶來的驚奇感）與逃避（抗拒更深入、更努力地默默工作），也增強了我們一直想收信的衝動。抗拒電子郵件是龐大的挑戰，因為複雜的工作考驗著我們，而我們力量薄弱，再加上工作時通常很寂寞；我們很難堅守意志力。亦敵亦友的電子裝置，是我們在一天的尾聲最後碰的東西，也是醒來時第一個抓的東西。

因此，如果你和很多人一樣，和收件匣發展出某種斯德哥爾摩症候群，既被吸引、也被俘虜，現在是時候改變了。不論做了多少制伏時間小偷的努力、盡量讓一天之中出現白色空間，假如未能重新調整你與電子郵件的關係，效果將無法持久。我們若要奪回時間，就需要掌握兩門核心的電子郵件學問：**少碰一點**和**寫出更理想的電子郵件**。對於其他所有傳送訊息與需要鍵盤的通訊來講，不論是 Slack、即時通訊（IM）、Teams、Yammer，或是任何很快就會問世的應用程式與平台——這兩件事同樣重要。

少碰一點，意謂我們要：（一）整體而言減少收信與寄信次數；（二）減少收信的頻率。此外，我們在培養新的收信習慣時，也需要學著以更理想的方式寫信，好讓工作更能順利進行，減少整體耗費的時間。若能利用白色空間的各種工具，開始讓電子郵件縮減到正確大小，我們將釋放大量的氧氣，用於對組織有利的事。此外，我們甚至能因此抬起頭，更常看著自家孩子的臉龐，或午後的天空。

顏色光譜

在電子郵件的情緒強度光譜上，每個人位於不同的地方。套用我的說法，專業人士大多「認為電子郵件是五彩繽紛的」（Technicolor email awareness）。如果你也是，意思是在你的視野裡，電子郵件是飽和度最高的誘人顏色，在你面前跳上跳下，不停招手。然而，其實有辦法調低萬花筒般的顏色波長，讓色彩柔和一點，有時甚至能降成黑白的。我的朋友蓋伊・川崎（Guy Kawasaki）是喜愛衝浪的行銷傳教士，他在偶然間發現這個選項。

蓋伊是蘋果早期的功臣，也是獨一無二的創意大師。我永遠愛他談話時眼中的愉快笑意，有如暖暖包。蓋伊聽到我在教某堂電子郵件課後，透露他的一個好友才五十多歲，卻在歐洲旅行時驟逝。蓋伊和那位朋友同年齡，頓時產生一切不再重要的感受。他在悲傷的幽谷中，對人生的看法大幅改觀，某天坐在收件匣前面，凝視著幾千封未讀郵件。

接下來，蓋伊有如進入慢動作模式，抬起手，直接按下「全選與刪除」，結果……什麼事也沒發生。天沒塌下來，事業沒毀掉，沒人打電話吼他。有一兩個人再度寄信過來，但蓋伊的世界沒有天崩地裂。

每封信都要回，其實沒有理論上那麼重要。這裡不是在建議各位也這麼做，但有一個微小卻真實存在的趨勢，就是工作者正在宣布「電子郵件破產」。他們不是祈禱有一天能爬出電子郵件困境，而是直接全選並刪除，重新開始。

蓋伊掌控自己的命運，調降色環，一口氣略過中間的淡色，直接抵達黑白。（真要講的話，他其實直達全白。）那天的衝動情緒體驗，讓蓋伊看出什麼事才重要，而電子郵件不在名單上。蓋伊在打破慣例的同一時間，也破解了電子郵件的彩色魔咒。

我希望各位也一樣，好好調整從五彩繽紛、淡色到黑白的重要性光譜。採取策略性停頓，質疑你心中有如霓虹燈般閃爍的高彩電子郵件。是什麼讓電子郵件成為你的世界中心？如果拿出洞察力，你會發現電子郵件是大吵大鬧的小孩，需要自行到旁邊冷靜一下——只要提供策略性停頓就夠了。

我的電子郵件顏色設定，多數時候位於淡色和黑白之間。萬一有客戶主要以電子郵件聯絡、每兩分鐘就往返一次，或是正在進行大型專案，此時我會進入亮色，但那是我選擇這麼做，而「選擇」兩個字很重要。另一方面，如果我正在進行寫作或創意工作，就會選擇讓電子郵件的調色盤變得很暗、非常暗。銷售人員、不動產經紀人與服務業人士，比較常待在亮色區，而且對這些職業來講，這麼做通常沒錯。擅長排列優先順序的人士，會隨時在其他的工作職責領域執行減法，挪出專心回覆電子郵件的空間。然而，假設你的主要工作是創新、主持專案或推動策略，若以亮色的程度和電子郵件綁在一起，你將付出重大的代價。

少數人需要把自己和電子郵件的關係調亮一點，尤其是如果被重複批評回應速度不夠快。然而，大部分的人則得加一點白色顏料，調成淡一點的色調，但這麼做有風險，你會害怕，下意識想著：「如果我放輕鬆一點，不一直盯著電子郵件，會不會漏掉關鍵的東西？」

沒錯，有可能發生那種事，但我鼓勵各位好好算一算，你會發現利仍然多於弊。單就壞處的影響來講，代價不會高過每天浪費時間、以亮色的程度和電子郵件綁在一起。這是一筆划算的生意。不過，我們太害怕漏接，擔心會有後果（其實人際關係受到的影響，通常大過戰略影響），以至於我們永遠離不開電子郵件。

在我們的世界裡，加強意識到電子郵件的強度，以及電子郵件占據我們多少注意力，將是減少接觸、獲得掌控的第一步。在工作的太多領域都一樣，光是花點力氣想一想，就能讓你與眾不同，領先眾人。

每隔一段時間再收信

當我們意識到自己和電子郵件的情緒連結，開始鬆綁後，少碰一點的下一步是選擇收信的頻率。我們需要創造出一段時間，刻意不檢查信箱，延長按下「接收」的時間間隔。我們可以視情況採取各種彈性作法，保護自己的時間，但也照顧到其他人的需求。你選的方法將必須詢問上司的意見，取得團隊的同意，不過你可以考慮幾種常見的形式：

- 在整點的時候收信。
- 整個早上不收信，或是只留一點空檔也好，早上喝咖啡前不收信。
- 開啟飛航模式或斷網軟體，隨時設定一段不收信的時間。

- 嘗試讓收件匣瘦身的電子郵件飲食，只在三餐與一次點心時間收信，讓你對電子郵件的飢渴，配合你餵食身體的時間（例如早上九點、中午十二點、下午三點、晚上六點）。

如果要減少在中斷時間之內寄來的信件數量，你可以設定郵件規則，把收到的所有副本或「供您參考」（FYI）的信件，放進同一個信件匣，一天只看那個信件匣一次。

要成功的話，先決條件是了解「查看」與「處理」的關鍵差異。「查看」信箱是指收到與打開新郵件。「處理」則是指實際去分類、採取行動或刪除收件匣中看過的信。你很快就會發現，「處理」是灰姑娘舞會上醜陋的繼姊。「查看」則令人心醉神迷，充滿著可能性，帶有令人昏頭的新奇感。就算是壓力大的電子郵件，照樣會帶來刺激感。「處理」則是頂著攝氏三十二度的高溫，在草坪上走來走去除草，累到汗流浹背，各方面都比不上誘人的「查看」。

在該處理信件內容的時候，移除收到全新信件的視覺線索，將能降低查看信箱的誘惑。試著從收件匣的底部，處理你打開過但尚未完成的信；防止自己看到新信，直到下次安排好的收信時間。就算真的看到有新信，訓練自己「已瞄到但不打開」，奪回一點掌控感。如果你瞄到的信件主旨感覺很關鍵、是老闆寄的，或是看到時湧出腎上腺素，那就打開沒關係。只不過你要反覆提醒自己，盡可能等待比較好。很快就會到下一次查看信件的時間，你終於能搔癢了。

電子郵件陰影

你減少碰電子郵件的策略，每天和每週都會變。在真實生活中工作時，策略會被打破、放棄、重來，偶爾才會完美遵守。然而，如果你想打破看信的時間表，別忘了一個特殊的後果——電子郵件陰影（email shadow）。

什麼是電子郵件陰影現象？回想上一次你在假期、週末或執行創意計畫時，心無防備地收了信，結果看到導致心理衝擊的消息。你八成會感到烏雲密布，心神不寧，無法專注於當下。收信很可能害你烏雲罩頂，遮住陽光好幾個小時。這就是所謂的電子郵件陰影，一旦引來，就很難趕走。

有一次，我在塔吉特超市（Target）的口腔護理貨架區，給自己招來了陰影。我先生出版了古巴旅遊的攝影集，他在當地有很多朋友，我們試著一年拜訪一次。每次去古巴，就像在過不是十二月的耶誕節，我們會準備大量的禮物，因為太多東西很難在當地買到。我們上次去的時候，我買了一百四十磅（約六十三點五公斤）會派上用場的生活用品，包括擦碗巾、膠槍（修理三十九年的俄國老爺車一直掉下來的車頂內裝）、指甲油、維他命B、眼鏡框、紅椒粉、膠帶、枕頭套，以及當然不能忘了能多益可可醬（Nutella，沒有能多益也能活，但那叫**真的**活著嗎？）。

我們那次打算造訪先前去過的孤兒院——那個機構用愛關懷兒童，但基本物資不充裕。我逛著超市走道，做著人生最享受的事——扮演囤貨的耶誕老人。三十個孤兒院孩子，每個人都需要新肥皂、乾淨的襪子、梳子。我興高采烈，一次往推車丟進三十樣東西。還需要什麼？洗衣粉、OK繃、筆記本、鉛筆。放進推車、放進去、放進去。當然，每個孩子還需要全新的牙膏和牙刷。太快樂了，我心情很好。

接著，雖然根本還沒到我預定收信的時間，但就如同討厭耶誕節的鬼靈精混進胡家鎮搞破壞，一個小小的念頭鑽進我腦中。「嘿，我們明天就要出發，但那個幾乎已經敲定的健康照護大客戶（利潤會不錯）還沒有回覆。」我放下牙膏，拿起手機。來了，我在等的信來了，但信上簡單寫著，由於其他的考量，合作案將推遲一年。

電子郵件陰影來了，我五雷轟頂，滿臉漲紅。我摘下想像中的紅色耶誕老人毛氈帽，一頭栽進失望的深淵。不用說，儘管我努力回到當下，但剩下的購物之行，變成機械式地拿東西。不久前的心滿意足消失無蹤。我腦中跳舞的糖球，一下子變成可悲的赤字電子試算表。

這種心理落差是人之常情，只有一種辦法能避免：每當你差點在預定的時間之外收信，就見縫插針，提醒自己**陰影要來了**。刻意採取策略性停頓，問問是否值得為了滿足好奇心，冒著接下來幾小時情緒被挾持的風險。這種事的另一個說法是，理智是頭腦清醒的嚮導，先前替你制定了看信的時間表，想要保護你。理智深思熟慮，有先見之明。衝動則是喝醉的同伴，想把你拉到拉斯維加斯玩吃角子老虎。不要上這個人的車。

電子郵件的簡化大哉問

還有一種強大的框架，也能協助你少碰一點電子郵件。我們已經認識了這個工具——簡化大哉問。套用於電子郵件時，我們停下來問：

- **「有可以放掉的事嗎？」**將協助你看出，你把處理電子郵件當成不做不行的義務，但其實有選擇。
- **「到什麼程度就算夠好？」**將協助你了解，制止完美主義與做過頭，可以減少你花在每封信的時間。
- **「真正有必要知道的事是哪些？」**這讓你得以選擇退出無數的討論串（或是放別人一馬，不要把他們加進來）。那些郵件過度分享資訊、分享重複的事情，或是為了錯誤的動機而分享。
- **「哪些事值得花心思？」**在收件匣的情境問這個問題，你通常會因此關掉電子郵件，回到重要的工作。

曾經有客戶告訴我：「如果有人把你加進副本收件人，那跟黑手黨一樣，一旦加入，就無法退出。」這就是為什麼副本欄是練習制止自己的主場地，請給別人白色空間。加上副本收件人的主要動機是不想排除別人，然而，雖然包容性是高貴的目標，但通常和效率不相容。好人想把每個人拉進每一件事，但郵件討論串是拒絕這種傾向的好地方。從減法的角度來看，副本欄是滿滿的磷蝦。

評估要放哪些副本收件人才合適的時候，把每封信都當成是在請對方行動，而不是請對方觀察。如果只是信件往返的旁觀者，就如同動手術時在玻璃牆後觀摩的人士，請試著不要加進這些人。準備插進副本收件人的時候，先策略性暫停並「W．A．I．T．」（等待），也就是問自己：「這是誰要做的事？」（Whose Action Is This?）大部分的時候，你將移除所有不會為這件事採取行動的人。如果過度收到副本信的人是你，那就溫和地反覆拜託寄件者「把我從這個討論串中拿掉」，直到他們終於聽進去。

此外，還要記住一點：替代品不是減法。如果你努力少喝一點可口可樂，卻開始喝百事可樂，那你就逃避了真正的目標。真正的目標是「少喝汽水」才對。類似的情況是領袖希望協助團隊減少電子郵件，卻通常會用其他平台取代，結果無法達成真正的目標。沒明講的目標其實是「少寄一點沒必要的訊息」。改用其他媒介會讓人搞錯方向，無法做到真正的減法。

蘭姆曾經碰上這種假的減法。他是中型能源公司的執行長，很有自己的想法。他讓最高階的主管參加限制電子郵件的前導測試，透過伺服器設定，一星期的內部郵件額度只有三十封。執行郵件上限兩星期後，如同羊群不知道原本通電的柵欄不再有電，公司沒通知大家，就移除了伺服器限制，但新的電子郵件極簡主義成功了，人們仍然盡量不寄信，直到六個月後真相大白。蘭姆收到報告：團隊變成每人每天**網路聊天**四百到八百次。總通訊量還是沒有減少，只不過換成另一種數位形式。

理想的電子郵件寫作基本知識

接下來的任務是寫出更好的信。為何要這麼做？因為好讀的電子郵件能節省時間。

請運用你的聰明頭腦，讓信件內容盡量簡潔，同時替寫信與收信的人省下很多時間，改用於端出最理想的工作成果。讓我們來擘劃藍圖，先想像夢想中的內部電子郵件：那種電子郵件讀起來順暢，用字簡練，還以視覺的方式把我們引導到正確的方向，同時具備三項特質：**明確**、**簡潔**與**重點提示**。

- **明確**：這封信要說的東西很清楚，方便讀者從標題到簽名檔一路順暢讀完。
- **簡潔**：言簡意賅，字愈少愈好。
- **重點提示**：提供視覺線索，強調明確的請求與後續的步驟。

再深入一點：

- **明確**：若要以最簡單、最清楚的方式說明一件事，我們需要插入白色空間，打字前先想好要說什麼。只需要短短幾秒鐘，就能考慮「這封信的重點是什麼？」，寫下草稿（收件人先留空，寫好信再插入電子郵件地址），挑戰自己有話直說。

如果你對人們不回應感到沮喪，或是對方收到信後沒採取正確的行動，那有可能是因為你的寫作風格讓人陷入五里霧中。你要以極度明確的話語，告訴讀信的人：「這是接下來我要你做的事。」不要讓人猜你要什麼，不要叫人讀心。一封信由上到下要像這樣：

一、主旨欄：成為刀法準確的標題武士。你的主旨欄一定要切中要點，附上時間框架提示（真實的緊急程度），例如「下班前要」或「可以等到星期一」，打破要隨傳隨回的假設，協助同事走出荊棘滿布的緊急幻覺。除了緊急的程度，主旨欄還可以放傳統的電郵縮寫，例如「EMO」（End of Message，你要說的只有主旨欄那句話）；或是「TL;DR」（Too Long Didn't Read，太長了，沒讀），只不過這個縮寫聽起來很粗魯，只適合好友或心裡不會不舒服的工作群組。

二、郵件內文：正文要像比基尼泳衣，布料愈少愈好，但重點都要蓋到。寫的時候問自己：

※我寫得夠清楚嗎？

※是否遺漏資訊？

※是否重複了？

※語氣是否顯得冷酷，或單純有效率？

三、結尾：在信的結尾，寫下你要請對方做什麼，或是下一個步驟，明確告知你需要什麼。不必總結前文的重點。不要用術語把讀者搞到一頭霧水。很多專家太熟悉自己的領域用語與縮寫，不知道自己寫出的東西有多難懂。同樣的道理，不要過度發揮文采，以免造成反效果。準確、清爽、直接是很好的準則。此外，不要過分使用同義詞辭典，以免看起來像是史前人類、傻子或喋喋不休的討厭鬼。最後，利用電子郵件的結尾語，替你希望和對方建立的關係，設定情緒語調。到底該寫上「鄭重感謝」、「誠摯祝福」、「敬上」或「謝啦」？如果你認為這種事不重要，你得再三思一下。

- **簡潔**：關於簡潔這件事，我有很多話要說。這個世界的注意力一下子就跑掉。愈短，效果愈好。高階領袖替我們示範了惜字如金，因為他們合理地保護自己的時間。我相信你已經注意到，資深主管的郵件一律短到令人訝異，只有五到九個英文字。字少＝少一點工作＝更多的思考時間。

我知道你在想什麼。資深領導者**當然可以**只回幾個字，甚至草草回覆，畢竟他們不像還在職場中努力往上爬的人，不必隨時證明自己。我懂。記得保護自己。永遠要想一想，在你依舊得留下好印象的人士眼中，他們將如何看待你的信。

（P.S.：簡潔最令人印象深刻。）

我從某位報紙專欄作家那兒學到另一個簡潔的訣竅。有一次，那位作家收到寫七百字文章的任務，但最後一刻才得知，那天報紙只剩四百字的刊登空間。某些段落必須直接拿掉（鮪魚式的大砍），不過作家也仔細找有沒有哪個字可以刪（磷蝦）。他問自己：「這篇報導有必要放這個細節嗎？」套用白色空間的講法，這個技巧是在問：「讀者**真正**需要知道的事是什麼？」利用前後的字數要求差異，編輯你的長信，將是掌握簡潔的好練習。你將拿掉細節、序言、重點整理，刪除「所以說」、「可是」、「和」。你聽起來會更直接、更有權威。這種修改很耗時，所以偶爾鍛鍊你的簡潔肌肉就好，不必天天練習。

這裡補充一下，當我們想辦法減少浪費在電子郵件的時間，也可以考慮寫得潦草一點（雖然我的卓越時間小偷會受不了）。這個方法是彼得・溫尼克（Peter Winick）教我的。我早期和這位精明的顧問合作時，他對內的電子郵件經常令我抓狂，信上永遠最多只有八個字，但至少會有二個拼字錯誤，而且完全不用英文大寫，也沒有標點符號。然而，他寫給客戶的信永遠字斟句酌。我發現彼得是選擇性的隨性。既然我們是自己人，不必給誰留下好印象，正好省下時間、力氣與精神——生產力的三大要素。我逐漸接受這樣的作法，在安全的地方允許自己放鬆，省下大量的時間。

- **重點提示：**很抱歉告訴你這件事，但在我們過度忙碌的世界，沒人會讀東西。人們會跳著看，尤其是電子郵件。如果要抓住他們的注意力，你需要提供視覺的停止標誌，例如項目符號、粗體、底線。告訴讀者的眼睛何時該停下、何時可以通行，他們的大腦會跟著走。重點提示是貼心的「地圖」，告知這封信的路線，讓讀信的人不必費太多腦力。重點提示能替你的大作畫龍點睛，帶來邏輯分明的體貼電子郵件。

一字電郵

電子郵件還有一個領域，也需要應用策略性停頓：在我們寄出只有一個字的信件之前。這種信看似沒什麼，但實際上有害。如果你和收件者彼此信任，這些電子發言的緊張打嗝，通常沒有實質的意義，但許多團隊缺乏信任。忙碌會造成沒回覆，而沒回覆會破壞信任。不穩定的關係讓人浪費時間確認，以及浪費時間要人別急。對方不信任我們的時候，我們將寄出無數的一字信件，要寄件人放心，證明我們有在聽。「完成了。」「收到。」「知道了。」「了解。」「明白了。」「好。」此外，我們會換個管道，打電話或寄簡訊過去，確認對方「收到」我們的電子郵件，而「收到」其實是「認真看」的委婉說法。

如果身處「假設有在執行」的工作環境，將不必做以上的事。倘若我們和電子郵件社群明確講好，大家都假設每封信會被收到、閱讀與認真處理，我們的收件匣就不會那麼滿。假如雙方表現出更強大的信任感，那麼就算偶爾漏回一封信，我們遲早都會發現，而且代價其實沒有想像中可怕。若能勇敢跨出這一步，每年就能奪回數百小時，省去不必要的讀信與刪信。（然而，許多主管享受與期待持續追蹤進度，所以你在改變這種行為前，要先徵得同意。）

最難消滅的一字英文郵件是「謝了」（Thanks）。如果要了解為什麼通常沒必要回這個字，我們得把整個場景走一遍。在秋高氣爽的一天，你在早上十一點二十四分看到鮑伯寄來的信。鮑伯是在早上九點十五分寄的信，他很好心，幫了你一個忙，你於是在上午十一點二十五分，簡單回覆「謝了」。然而，鮑伯沒立刻看到信，他有固定的收信時間，中午才會再次看信箱。中午十二點四十二分，鮑伯打開信箱，看到你只寫了「謝了」的信。由於鮑伯生活在資訊過載的年代，要顧及太多事，所以他完全想不起來你為什麼要謝他，畢竟他一按下送出鍵，就忘了自己幫過你，接著又多做了二十幾件事。（大部分也都是在助人為樂；鮑伯來自有很多好人的明尼亞波利斯市。）

這下子鮑伯得花時間滑滑滑，找出先前的郵件，毫無意義地想起「喔，對了」，接著刪掉你太晚出現的感謝函。我們的英雄鮑伯是否因為你向他說謝謝而心生暖意？大概沒有，因為這不是**即時的對話**。你只害他多了一件要做的事。那聲沒在當下出現的謝謝，實際上對誰有好處？只有你一個人，你覺得自己有禮貌。「才不是這樣！」你抗議。我哪有其實是為了自己好，卻偽裝成好意？抱歉，但如果仔細想一想溝通流程，的確是那樣沒錯。

關係很重要，和善很重要。如果是對外的電子郵件、客戶、廠商，你還是得在合適的時候繼續說謝謝。然而，假如是在核心團隊內部，你們可以討論或許不必每次都回信道謝。說不定可以改成每個月一起謝一次：「我由衷感謝各位搖滾明星，謝謝你們付出的一切努力，謝謝你們奉獻的每一分精力。」接著判斷是否能省略你們的一字感謝函。更好的方法是規定不能用電子郵件道謝，而是在你們能聽見彼此的聲音、看著彼此眼睛的時刻說謝謝。

檢查後車廂

如果要理智對待電子郵件，還得登高望遠，看著整體的大方向。莫里斯是這方面的高手。我因為顧問專案認識莫里斯，我們討論他的工作流時，我很訝異他使用電子郵件的方式相當有條不紊。莫里斯雖然在大型車商擔任中階主管，但他的電子郵件顏色一般是淡色的。

我問莫里斯是怎麼辦到的，他於是分享了以下的故事：年輕的莫里斯剛進公司時，每逢星期三、五都會拿到公司的通訊信封（材質是馬尼拉紙，有一條線可以繞住上面的圓形小紙盤，蓋上信封），裡面放著公司認為員工應該閱讀的備忘錄和資訊影本。然而，莫里斯的主要工作目標是賣出車子。他試著讀完信封裡的每一份文件，但進度開始落後，待在銷售大廳的時間變少。星期三的文件要到週末才看得完，星期五的文件在星期一早上等他。莫里斯感到沮喪，因為他擠出時間讀進去的東西，開會時會有人再重複一遍。

莫里斯去找績效好的狄米崔。狄米崔以笑容滿面出名，銷售直覺極準。莫里斯把狄米崔拉到一旁，請教他：「你都是怎麼處理這些信封？我快被淹沒了。」狄米崔不動聲色地告訴他：「跟我來。」兩個人朝外頭的停車場前進，走向狄米崔的車。狄米崔打開後車廂，裡面放著三樣東西：電瓶充電線、千斤頂、一大箱沒拆過的馬尼拉紙信封。狄米崔露出大大的微笑解釋：「我拿到信封，寫上日期，扔進後車廂。如果沒人向我問起信封裡的東西，我六個月後會扔掉，而從來沒人問過！」

莫里斯告訴我，他在一生的職涯中一直記得那一刻。如今他也以同樣的健康態度，懷疑每封信的重要性。

有的人會認為，這則故事代表工作漫不經心，不尊重母公司的溝通心血。這不是我講這則故事的用意。我每次提到這則故事，一定會出聲提醒，在那些信封裡——以及在你的收件匣中，的確可能放著被錯過的寶貴資訊。然而，我造訪過的每一間公司，幾乎都會分享不必要的細節。

我們都一樣，很容易被電子郵件誘惑。太多人手裡沒有征服電子郵件的工具。我們的預設作法是寄出造成別人負擔的信，沒能替團隊成員以身作則，讓他們知道我們希望收到什麼樣的信。然而，只需要花一小點力氣，就能做出改變。我們面對電子郵件時，若能策略性停頓一下，三思而後寫，便是同時幫自己和他人一個忙。

1分鐘思考時間……

忠犬變狂犬

記住：

- 電子郵件讓許多人成癮，引誘我們隨時收信。
- 如果要擺脫電子郵件的耗時本質，你除了必須學著少碰一點，也得以更理想的方式寫信。
- 電子郵件的顏色光譜（從鮮豔色彩、淡色到黑白），其實是你能學著依據自己的選擇調上調下的情緒設定。
- 在非預定的時間收信，電子郵件陰影將陰魂不散。
- 明確、簡潔與重點提示三管齊下，寫下經過思考的有效電子郵件。

問自己：

- 「如果過著一星期沒有電子郵件的生活，我一整天會做些什麼？」

CHAPTER 8

最佳團隊的說話方式：提升溝通能力

> 斟酌後講對話，將大幅增進親密度。

蘇菲亞覺得自己之所以能扮演好領導者的角色，全靠一個字：不。然而，蘇菲亞其實是過了一段時間後，才開始說不。蘇菲亞是任職於金融服務公司的年輕部門主管，只要別人開口，她的反射動作是照單全收。「不論我有沒有餘裕，永遠會說：『當然沒問題，好。』」情況一度離譜到蘇菲亞要替一百人的現場銷售人員團隊，訂出差的食宿。這種事完全不在她的職責範圍內，但同事有需求時，蘇菲亞心想：「我就幫一下，沒關係的。」這種幫忙占去大量的時間，蘇菲亞知道必須改變，但開不了口。

蘇菲亞找人沙盤推演，協助自己改變。我稱這種決策幫手為「說不夥伴」（No-Buddy）。夥伴協助蘇菲亞找出她想要什麼，接著想好該怎麼說。一切準備就緒後，蘇菲亞策略性停頓，拿出決心，拒絕做差旅安排（態度和善），但承諾會訓練現場團隊自行解決。

順利解決出差的事已是萬幸，不過後續的影響更大。蘇菲亞就此設定新目標，努力把兩成的工作時間用在營運面，八成則放在策略面。蘇菲亞先是私下醞釀這件事，找上司談，接著又找其他人當智囊團，找出計畫哪裡有問題。蘇菲亞在和眾人商量的過程中，抓到明確的目標，改把時間用在重要的提案，尤其是能見度高的計畫。我們的女英雄掌握竅門後（蘇菲亞固定給自己白色空間後，源源不絕的創意也幫上了忙），首度被提拔到管理階層，步步高升。

「不」這個字威力強大。其他許多表達方式也有類似的效果，例如「我想要」、「我需要」、「我偏好」等等。我們開口，能讓個人目標成真，人際議題也會因為我們說的話獲得解決或惡化。有技巧地勇敢說出口，可以解決很多事。我們在凝聚團隊、增進工作效率時，在溝通方面也因此一定要運用策略性停頓。如果不停下來，先想好要講什麼、考慮他人的需求，或鼓起勇氣拒絕，你將永遠無法擁有最高的效率。這是相當好的正面循環：策略性停頓讓我們得以改善溝通，改善溝通讓工作變得容易，進而有更多時間停下。

本章還會帶大家看到，擁有共同的語言，同樣威力強大。當一群人對某幾個詞彙有共識，每個人便得以加快工作的速度，增進表現，節省力氣，很清楚該做什麼。反覆採取白色空間的溝通方式後（團隊最好能一起做），做起來會更容易、更自然，逃脫混亂的雞同鴨講。

2D vs. 3D

效果良好的溝通是先想好再開口的結果，這是最簡單的一條原則。策略性停頓能協助我們控制衝動，避免禍從口出，而我們在聽別人說話時，多想一想也能協助確認我們聽見的觀點，是否真是對方想傳達的意思。

此外，策略性停頓帶來的協助，還包括替我們分享的每則訊息，挑選正確的媒介。大部分的專業人士在選擇溝通媒介時，過分偏向電子郵件等數位媒介，但有些對話不適合採取數位框架，因為有太多要表達的情緒、創意或複雜的細節。另一方面，某些資訊則很適合以打字的方式一來一往地快速溝通。

「2D vs. 3D 溝通」這個簡單但強大的架構，有辦法大幅改善你和團隊、同事、顧客互動的方式。選對媒介時，我們交換的每則訊息的效果會更好。仔細聆聽後，就會發現每個請求、意見回饋或分享，其實都有最適合的媒介。

2D 內容通常很簡單，是非題二選一，或是與事實有關。2D 的溝通模式包括簡訊、電子郵件、影印資料、線上聊天等等。報告與簡報投影片也屬於 2D。3D 內容則需要仔細聆聽，帶有情感，或帶來創意思考的機會。我們在 3D 溝通中經由語氣、語速與手勢，交換關鍵資訊，討論點子，詢問複雜的問題，進行人際連結。3D 的溝通模式帶有實況的元素——打電話、開會、視訊通話、見面對談。至於共享語音備忘錄和錄下的視訊互動，有時則模糊了 2D 與 3D 的界線，不過大部分的時候，2D vs. 3D 是很好的判斷依據。

有了這個定義明確的框架後，你一下子就能理解，若要針對重要的決策取得共識，與其用東一封、西一封的電子郵件討論，不如採取3D對話。假如你開會時在筆記本上胡亂打叉，心煩意亂地想著：「我幹嘛在這兒浪費時間？」那八成是因為開會的過程中，塞滿大量的2D報告。

許多人的預設作法是採取2D通訊，因為我們有辦法掌控2D通訊，不會在友好的公司版快問快答中，被突如其來的問題難倒（「我談到本季的預算有哪三大重點？」）。在2D溝通中，我們得以預先編輯想法，再分享出去，

2D vs. 3D 溝通

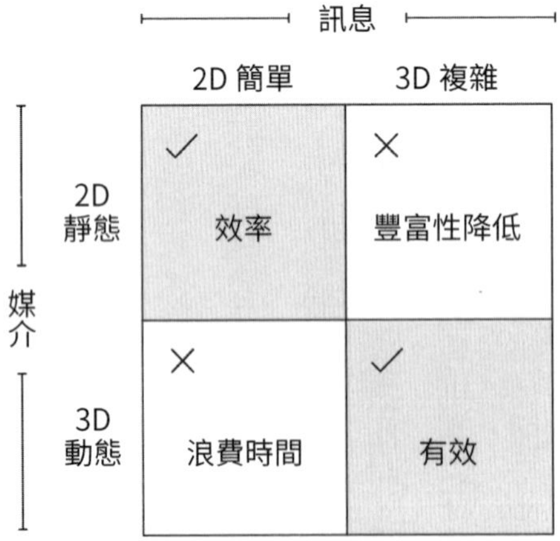

而且可以利用 2D 媒介的簡潔特性，避免閒話家常：「最近過得好不好？」然而，我們替內容選的溝通方式不合適的時候，效率會被犧牲。用 2D 媒介分享 3D 內容，豐富度會減少；用 3D 媒介分享 2D 內容是在浪費時間。請用合適的媒介傳遞訊息。

因此，展開任何對話前，先策略性暫停一下，問自己：「我試著要溝通什麼事？」我需要讓下週議程獲得批准？聽起來像 2D。我想要徹底討論點子、詢問複雜的問題，或發揮創意？那是 3D。此外，也要考量每個人接受資訊的方法，加以配合，微幅調整你的 2D vs. 3D 應用。有的人比較擅長口頭討論，偏向 3D 溝通（不需要消化時間）。有的人則需要處理資訊的時間，所以有必要替他們寫下溝通內容；這類型的人士需要先看過書面的東西，才有辦法回應。請積極與同事對話，在使用 2D 或 3D 模式時，加進個人的偏好。

請運用 2D vs. 3D 的概念，替每個訊息選擇正確的媒介。你會獲得的獎勵是一天中有更多的餘裕，每次的交流也會更豐富。2D vs. 3D 的架構能讓訊息更清楚，使每次的重要對話發揮最大的功用，增強團隊的凝聚力。

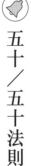

五十／五十法則

挑選正確的媒介表達自己，只是等式的一部分。你的訊息還需要誠實說出心中的想法。換句話說，你永遠該當泰迪。誰是泰迪？我們先看泰迪的哥哥葛瑞格。葛瑞格小時候和其他一九八〇年代的男孩沒兩樣，渴望擁有小小打造家（Erector Set）的顯微鏡和寵物——他想養葵花鳳頭鸚鵡。為什麼是鳳頭鸚鵡？因為電視上的偵探貝雷塔有一隻。小時候的葛瑞格有一個迷信的想法：只要用念力想著某樣東西，大約想一百次就會成真。然而，不論葛瑞格想了多少遍「鳥、鳥、鳥、鳥、鳥、鳥」，還是沒人給他鳳頭鸚鵡。弟弟泰迪則有不同的作法。他平日模仿三歲小孩的作法，講出自己想要的東西，一遍又一遍大聲重複，像念經一樣，不斷要求「餅乾、餅乾、餅乾、餅乾」，接著就會如願以償。懂了嗎？許願沒用，念力沒用。唯有直接開口要求，才會出現奇蹟。

五十／五十法則的假設就是這樣：「工作上任何令你煩心的事，有百分之五十是你的責任，直到你開口要求。」說出需求，讓我們恐懼又脆弱——但這是專業人士一定要學會的事。接受事實就是如此的五十／五十法則後，你本人的抱怨或你聽到的抱怨，大部分都會安靜下來。

人們平日吞下肚的需求與願望，多到令人訝異。許多企業採取由上而下的管理方式，在這種世界，不敢開口有其道理。然而，默認必須閉上嘴，壓抑始終存在的種種牢騷與抱怨，可能讓你的心理能量付出高昂的代價，也會損失寶貴的時間。如果團隊成員總是一想到什麼就找你，老是打斷你，你將無法專心做事，每次都得花很多力氣，才能再度集中精神。你是否曾暗自祈禱不會再被同事打斷？你是否不講話，一個人生悶氣，惡狠狠地瞪著別人，因為他們做了不該做的事？最好把心裡的話說出來，因為沒人會送你鳳頭鸚鵡。

如果要說出未曾明言的需求，第一步是快速清點五或十件工作上最煩心的人事物，大小事都可以，例如：

- 你認為發薪流程不必要地繁複。
- 一直在開實體與虛擬會議，每件小事都要開。
- 某位主管對你講話很不客氣。

- 你沒機會用專案挑戰自己。
- 你希望同事不要再推諉塞責。
- 你覺得事情多到滿出來，希望助理主動一點。

好了，對著你的抱怨清單腦力激盪，劃掉無法靠你自己改變的項目（你真的無能為力），例如薪資上限、目前無法更新的技術與系統、任何會惹惱發你薪水的人的要求。接下來，看著剩下的項目——那些你發聲便能造成影響的事——決定哪幾項值得處理。

清單上的事可能是私人的、痛苦的，或是高風險的。這類型的主題不好處理，但拖得愈久，就會愈覺得陷入那些念頭、出不去。接下來的四步驟能協助你做好準備，在壓力沒那麼大的情況下說出來：

一、發洩——釋放情緒壓力
二、同理——放寬你的視野
三、準備——想好與練習要如何提出要求

四、分享——上場對話

在步驟與步驟之間，插進大量的白色空間，理解感受，釐清需求，保持開放的心態。

發洩：情緒壓力會蒙蔽你的判斷力，最好找人宣洩事情所引發的情緒。你找的這個人，無從得知惹惱你的人是誰（也無法推論出來），你得以釋放壓抑的情緒。事先讓聆聽心事的人知道，你希望他們默默聽就好，或者你想知道他們的看法。

同理：好了，你已經稍微清掉有毒的情緒，腦袋或許已經清楚到有辦法拿出同理心。準備任何難以開口的對話時，必須試著從對方的角度出發，才能有效溝通。你要有如方法演技派（method actor）的演員，抽離自己的身分，完全進入對方的觀點，試著了解對方想做什麼、他們如何看待你、他們是否盡力了。改採對方的觀點，將帶來有建設性的同理，開始解開心結。

準備：接下來，想好你要提的請求，事先練習。沒什麼好猶豫的，在互動的前夕，快點在車裡練習、在鏡子前練習、找朋友練習。事先演練將助你一臂之力，這種事一點都不奇怪。不論場子是大是小，最厲害的溝通者都會事先練習。如果是簡單的問題，按照以下的典型架構走就可以了：

- 先感謝對方（奠定尊重的氣氛）。
- 說出你不喜歡的事（以不帶批評的語氣，描述看得見的特定行為或情況）。
- 講出你如何受這件事影響（影響到工作、需求、心裡不舒服、財務）。
- 說出你希望事情能怎麼樣比較好（提出請求）。

這種時候很適合應用經典的「我如何如何」（I statement）技巧，所有基本的溝通課程都會傳授這個方法。運用這個方法時，你會說「我需要安靜才能有效工作」，而不是說「你吵到我了」。愛鑽漏洞的朋友請注意，「我認為你是大白痴」這種句子不算。此外，別忘了「簡明扼要」的關鍵原則，問「這個人**真正**需要知道的事是什麼？」，藉此確認你打算說的話。

分享：時間到了，勇敢站出去，要求你需要的東西。以和善的態度展開對話，解釋問題，提出你的請求——接著停下。見縫插入白色空間，替你的訊息創造空間，讓對方有機會聽進去，加以消化。請盡量保持開放的心態，不論對方反駁或接受，聆聽對方的回應。在展開對話的過程中，你這一方的講話要簡短、溫和、清楚。

如果事後什麼事都沒變，那就留意你有多常再度提起這件事。這種事跟過馬路時、按改變交通號誌燈的鈕一樣。大部分的人雖然理智上知道按一次就夠了，照樣會不耐煩地多按幾次，想快點見到燈號改變。然而，當你已經送出訊號，便已經做到你的百分之五十，剩下的百分之五十並不是由你掌控。你要再次提起被忽視的需求或願望嗎？當然要，不過你在送出訊息後，要在街角等一等，等燈號改變。

有時候，不可能要求見到事情變得不一樣，只能學著接受現實。有些人我行我素，不太可能改變行為。假如在你講話時，老闆永遠忙著做別的事，或是某個女的很愛跟人唱反調，故意說小狗不可愛，你便曉得他們就是那種人。如果是這種情形，不必請對方改變，而是要做好心理準備，在心中想像接下來會發生的情境，預演無法避免的事。許多領域的大師級人物都採取在心中想像畫面（visualization）的技巧，例如拳王阿里（Muhammad Ali）說過：「如果我的腦中有辦法想像，我的心能相信——那麼我就能做到。」所以呢，像隻蝴蝶一樣，輕飄飄地飛過這個人先前帶來的失望，想像下次見到他時，你會更知道如何應對。再次互動時，你將更有信心，不再那麼容易受影響。

最好能建立理想的工作環境，讓你說出自己所需東西時、可能帶來的缺點（被責難、有風險），能被優點所中和（誠實、直接、減少干擾）。你要說出自己的需求，保護白色空間。同樣的，你也要聆聽別人的需求。當人們持續覺得能把話說出口，清除路障，釋放思考時間，工作就能更輕鬆。

沙漏

培養說出自己要什麼的新技能時，配套措施是說出你「不」要什麼。雖然「不」是重話，不容易講出口，但可以保護團隊的時間、力氣與專注力。這是簡單但必要的楚河漢界，每個人都必須努力在堅定與彈性之間找到平衡。

你們團隊要是沒能力說「不」，那會發生什麼事？有點像是在某集的《我愛露西》，露西和好友愛索在生產線打工，她們必須包裝的巧克力，以愈來愈快的速度通過眼前

（搜尋這個影片就知道了）。你可以試著把巧克力（也就是責任、請求、其他人要求你做的事）塞進你的帽子、嘴裡或口袋，或是在腳邊堆成小山。然而，那不是最有效率的工作法。「不」是緊急斷電的開關，能停下生產線。

大部分的人感到該多說一點「不」，但想到要拒絕，就全身緊繃。我們通常只有在未能拒絕後，才發現必須拒絕。你有沒有碰過這種情況？星期五下午三點三十三分，克里斯坐在桌前，**太快**回覆一封電子郵件：內部客戶問他一件事，克里斯看到後瞬間回應。「嗨，克里斯，」那封看似無害的電子郵件說著，「卡森那個案子，你的團隊能不能替我們處理一些數據，星期一早上九點前交？」克里斯是部門裡的積極先鋒，立刻熱心回覆：「沒問題！」下一秒才意識到不對，他剛剛替團隊答應了整個週末要加班，一切全是因為他太快說「好」。我們的朋友克里斯，以我所說的「秒回」（flash response）方式回應，也就是立刻接受或拒絕要求。塞滿反射、衝動與干擾的心理雜物抽屜，助長了秒回的問題。這也不能怪克里斯，他缺乏協助他做決定的架構。

接下來的「沙漏」這一招，能一步一步帶你走過決策流程，最後想好要說「不」或「好」。沙漏以有架構的形式，利用暫停，協助你朝目標邁進。每次先想一想，再決定要答應或拒絕。運用這個工具能慢下你的速度，三思而後行。

每一個真實沙漏的中間是控制沙量的細頸；我們的沙漏要漏的不是沙，而是決策。我們暫時慢下決定的流程，在沙漏的頸部策略性暫停，仔細考慮再回應。

先從沙漏的最上方開始。如果電子郵件、簡訊或有人在你門口探頭探腦，想拜託你做一件事，那就請對方給你一點時間。你開始用沙漏。最上方的步驟是留意你最初想要秒回「好」或「不」。無論你當下想說什麼，寫下來。

沙漏

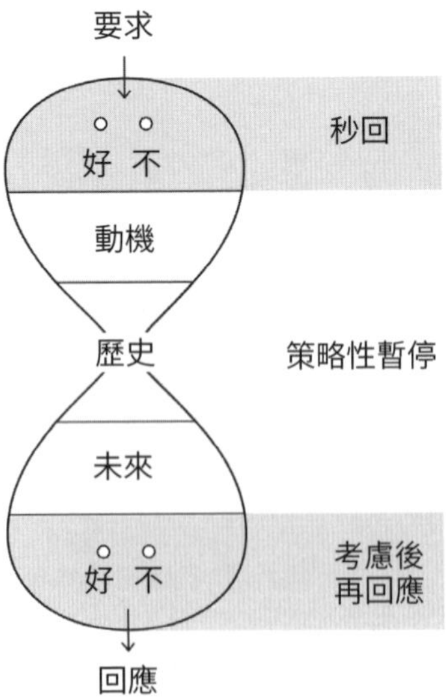

接下來是關鍵的考量階段，你策略性暫停，檢視你的動機、歷史、未來。先想想你的動機，接著找出盲點。問自己：你這是在積極接受你渴望的機會、爭取寶貴的工作，或者你其實是想要討好人、出於恐懼而行事或拍馬屁？如果你要的是被需要、被喜歡，或是被看見的感受，那也沒關係，請對自己誠實。針對你的動機（正負面都可以），寫出私下的想法。

接下來，想一想近期碰過的、類似的「好／不」選擇。你先前是否過度自願幫忙，心裡有一點不高興？另一方面，也想一想你先前是否拒絕了機會，事後又好奇不曉得答應了會怎麼樣，反而嚮往加入。讓過往的經驗來支持你眼前的決定。

回應前的最後一個步驟是思考未來。推測你的「好」或「不」將在接下來幾天、幾星期、甚至是更長的時間，對你或團隊有好處或壞處。想一想你的回應會如何保護時間與專注力，又或者工作成果會受影響。想一想你的回應將如何挑戰或支持你的關係與影響力。如果眼前是複雜的「不」，那你需要蒐集更多資訊，才能完成這個階段。

到了沙漏的底部，是時候該下決定，替你經過思考的回應做筆記。做好選擇後寫下來，接著信心滿滿地說出來。因為你都想好了，所以能有自信。（等你熟悉後，整個流程可以自動化，幾秒內就完成。）

你回應「不」之後，必須努力不去想你拒絕的人。事情很容易在這一步出錯。假設奈紗請你替退休員工辦歡送會，但你的事情已經太多，你運用沙漏後友善拒絕，但心中過意不去。你寄出回應後，開始猜測奈紗的想法。奈紗會怎麼想你？她會覺得你這個人怎麼樣？（天啊，奈紗可能到處去跟別人講這件事！）如果奈紗認為你缺乏團隊精神，甚至覺得你很冷酷，那該怎麼辦？讀別人的心思會讓你意志不堅。想像你拒絕的人額頭上有一扇關著的門，如果你是經過思考才拒絕，就不要進入那扇門。

沙漏的妙處在於利用停頓踩煞車，替自己爭取時間。我們將有時間做確認，避免後悔，優雅地走在工作關係的鋼索上。

協助你說「不」的句子

用來拒絕的話語，有的讓人無論如何都說不出口，太容易聽起來過於直接、藉口太多，也或者我們試著拿出自信，但聽起來就是唯唯諾諾。以下提供幾個可以怎麼說的範本與策略，不過先來看什麼都不說的選項。我希望各位不要採取「膽小鬼的不」——請不要搞消失。

不回應是新的「不」。這是百分之百自私的誘人選項——如果別人這樣對我們，我們會抓狂；但很奇怪的是，我們自己這麼做的時候，感覺上就變得有必要。回想上次你和別人互動、對方中途消失的情況。重溫那種很差勁、很討厭的感受，協助自己下定決心要勇敢。己所不欲，勿施於人。已讀不回**不是**選項。

業務是被冷處理的大戶，但他們有權獲得了斷。就算不是為了他們，也是為了你自己能保持收件匣的清爽。有話直說是在幫業務一個忙，因為堅定的「不」實際上是仙樂。對方只會沮喪兩秒鐘，而且他會知道你到底是要或不要，可以確認事情究竟是如何，改把工作精力用於追求其他目標。請勇敢說出你的「不」。

決定不把無聲卡當成表達方式後，我們得學會真正說出「不」這個字。如果是簡單的情況，下面的句子能助你一臂之力。你可以配合自己的說話風格與情況，加以改編。稍加練習後，就能找出你最有辦法說出口的話，永遠感到準備好拒絕。以下的腳本適合直截了當的互動，以及二選一的「好／不」決定。

- **「我能不能二十四小時後再回覆你？」**

替自己爭取沙漏時間。中斷人際接觸時，理智會上線，最好要讓自己有辦法做出理性的決定。

- **「這次可以幫你，但無法每次都幫。」**

碰上糾纏不休的人，慢慢降低他們的期待，替未來的「不」鋪路。

- **「我沒辦法（無法）……」**

以中性的理由，解釋你必須拒絕的原因。小心語氣不要太冷漠。

- **「我沒辦法，但你有另一個選擇。」**（拒絕＋替代方案）

分享替代方案或建議，取代由你親自幫忙。

- **「我目前不方便，但我們來看看日曆上何時有空。」**（答應，但未來才做。）

小心不要用拖延來迴避必要的「不」。當然，如果真的是時機問題，那就晚一點再說。

- **「親愛的，不行就是不行。」**

如果孩子第四十三次問能不能做某件事／買某樣東西，告訴他們這句話。

- **「媽／姊／哥／親愛的，那個就先不用了。」**

用這句簡單的話拒絕家人，在風險不高的情境練習說「不」。

- **「謝謝你直接告訴我。」**

換成你被拒絕時說的話。

- **「抱歉，不行。」**

沒錯，就這樣。勇敢說出這句話後，不必多說。

如果是較為複雜的「不」，顯然要多斟酌你打算說的話。

此時要回到提出五十／五十要求的流程。先發洩，釋放緊張的情緒。拿出同理心、做好準備，最後再與對方分享。第二步驟中的「同理心」很關鍵，如同最不甜的馬丁尼帶有難以察覺的一絲香艾酒，你的同理心帶來的溫潤感，將改變你說的話帶來的感受。

「三明治法」是實用的腳本模式，用上下兩層的和善包住你的「不」，例如感謝別人希望你參加，或是講一點專案的好話。以下是剛才克里斯的「不三明治」範例，這位做事衝動的朋友，被要求在週末做報告：

親愛的缺乏分寸的客戶：

我們當然樂意與您合作。**（第一片和善麵包。）**

不過，要在週末塞進這個重要的要求，我們力有未逮。**（「不」在這裡。說出來就對了。）**您需要的東西非常重要，我們想確保有好好完成。**（第二片和善麵包。這個句子釋出善意，以和氣的態度安撫對方的失望。）**

我們會很樂意在星期一的一大早，就全心做您需要的東西，下班前把數據交給您。

克里斯敬上

請克制你想教訓對方的衝動，沒必要指出：「在星期五快下班時提出這種要求，實在是不合理。」我們會很想點出對方的作法不公平，但這麼做於事無補。

難度最高的情境是拒絕上司（或許僅次於拒絕親愛的老媽）。直接向上司說「不」

的關鍵詞是「哪一個」，例如詢問：「哪一項工作最重要？」問「哪一個」是在溫和提醒，我們能完成的工作是有限的，這是在**暗示新任務當然可以加進清單，但就得拿掉別的事，或延後處理**。上司交代新專案時，你可以這樣回覆：

親愛的老闆先生：

我很興奮能接手這個任務。**（第一片和善麵包。）**

不過，您這個月已經交代其他幾個高度優先的計畫。能否協助我判斷，我該先做工作清單上的哪件事，才能達成我們的目標？哪些則可以晚一點做，或是再看看？**（「不」在這裡。「哪一件」是在暗示你的主管，有的工作會繼續做，有的則得取消、交給別人，或是有時間再做。你有你的堅持，但以最柔軟的方式提出。）**

我們能否花個幾分鐘瀏覽我手上的專案，看看要如何安排最後期限，對您來說會最合適？**（以最輕的方式表達拒絕，同時也讓上司明白，條理分明的計畫才能帶來最好的結果。）**感謝您的幫忙。**（第二片和善麵包。）**

骨幹成員貝蒂敬上

多練習說「不」，就愈容易說出口。沙漏與「不三明治」是你的助力。一旦克服了短暫但嚇人的「不」時刻，就能體驗到唯有做出困難的決定、才能享受到的好處，而且下次會更有信心。此外，簡化大哉問也能支撐你所有的「不」選擇：

- **「有可以放掉的事嗎？」**這一題能協助你挑戰自己，踏出「不」的舒適圈，一點點也好。
- **「到什麼程度就算夠好？」**不再擔心你的拒絕方式不夠完美，也不必想著要掌控結果。你是經過考量才做出這樣的決定。
- **「真正有必要知道的事是哪些？」**讓你的沙漏流程既不會過度分析，也不會匆忙下決定。
- **「哪些事值得花心思？」**把你的重心放在有意義的工作、最重要的人，以及你想帶給生活的益處。我們說「不」的原因，完全是為了替這些人事物掃除障礙。

沒說出口的感謝

當我們更深思熟慮地度過每一天，就更能意識到一起合作的同仁有多優秀，由衷感謝。我們心中湧出更多的感激之情和戰友情誼。人與人之間應該多說好話，表達謝意。然而，許多感謝的話卡在我們胸口，沒說出來。我們想說但太忙，或是希望同事和朋友能自行感應到。我們遲遲沒能以口頭的方式提供讚美、感謝、讚賞、友誼與愛。我們祈禱工作上能有更多親密的情誼，彼此心連心，但卻忘記說出能培養感情的話。

最可悲的、沒說出口的事，就是沒傳達的謝意。這種事百害但有一利——幸好輕輕鬆鬆就能解決這個問題。當你釋放心中沒講的感激之情後，只需要一次，隔天就會想要分享十次的謝意。

你可以用以下的方式開頭：

- 或許我從來沒提過，但……
- ……令我印象深刻

- 我一直很仰慕你，因爲……
- 我發現我做錯了，我不該……
- 我欣賞你。不只是普通的欣賞，而是超級欣賞，所以……
- 我想多知道一點……
- 我最美好的回憶是……
- 我一直想告訴你……
- 謝謝你挪出時間……
- 你很棒的地方是……

有效的話語能促成友好溫暖的團隊關係，拉近彼此的距離，帶來動力。當我們利用策略性暫停來推敲要說的話，將事半功倍。當我們說出心底話，生活中的每一天與人際關係都能受惠。

1分鐘思考時間……

最佳團隊的說話方式

記住：

- 言語能讓許多個人目標成真。有技巧、清楚且勇敢的溝通，能夠解決很多問題。
- 替訊息選擇正確媒介（2D vs. 3D）將能節省時間，還能增加溝通的豐富程度。
- 五十／五十法則是指，工作上任何煩心的事，有百分之五十是你的責任，直到你開口要求想要的事。
- 沙漏引導你在回應請求前，先檢視自身的動機、歷史與未來，想好了再做出選擇。
- 「不三明治」告訴我們，如果上下夾著和善的麵包，說出中間的「不」會比較容易。
- 大聲說謝謝能溫暖兩顆心——你的和對方的。

問自己：

- 「我需要說出哪件沒說出口的事？」

CHAPTER 9

更理想的會議：集思廣益的好處

> 「開會能從我們最愛抱怨的事，變成寶貴的機會。」

我的公司從成立的第一天起，就完全採取遠距工作，團隊分散各處。這種彈性的上班方式是吸引人才的利器，也適合我個人的行事曆，我不曾後悔採取這樣的模式。然而，新冠肺炎疫情讓全球天翻地覆後，我發現了值得留意的新觀點。在疫情期間，我們盡全力服務客戶，但客戶用短跑衝刺的強度，跑著長程的馬拉松，已經無法只以累壞來形容；大家比任何時候都更需要策略性停頓。

隔離在家的團隊深深想念彼此。我每星期開數十場線上視訊會議，**每次**開會都聽見大家想念一起奮戰的隊友。有時是直接講，有時則是聽得出言外之意。我聽到客戶的團隊有多渴望實體的接觸後，也開始想念與渴望我其實不曾擁有的非虛擬團隊——令人愉快的夥伴安靜地肩並肩工作，或是一起興奮地在白板前走來走去，創造出好東西。我開始思考，我用親密交換自由是不是做錯了。這種調整感覺很重大。隨著我公司的事業正要走過下一階段的轉型期，我預作準備，開始探索增加一起實體工作的次數。

提到開會這個主題時，很容易引發異口同聲的「天啊，殺了我吧」。我希望讓會議展現不同的一面，不再讓人滿口怨言，改成利用白色空間的原則，讓會議發揮最大的功用：大家在豐富的現場環境裡共度時光，讓令人興奮的工作成真。成功的會議能提振我們的精神。有了白色空間助陣，將有大量的思考、反省與暫停時間。此外，沒錯，對我們這種重度外向者來講，虛擬會議有點無聊，但重點仍是讓我們花在開會的時間，能夠更好、更豐富、更有益。

蘋果橘子經濟學（Freakonomics）的團隊在播客節目「如何讓會議不那麼糟糕」（*How to Make Meetings Less Terrible*）中說得沒錯，提醒我們，目標不是零會議；我們雖然會抱怨，但人其實喜歡互動。[1] 作家史蒂文．強森（Steven Johnson）的《創意從何而來》（*Where Good Ideas Come From*）一書也提醒，創意通常需要交流，才會帶來靈光一閃；光是你一個人，刺激不出新鮮的點子。[2] 會議有了正確氣氛後，眾人將更能合作，帶來一天之中的精彩時刻。

然而，事情通常不是這樣。太多會議會舉行，只是因為傳統上要開會，而且沒人去質疑這件事。朋友賴瑞告訴我，他三十年前任職於大型科技公司的故事。某次的管理訓練後，公司開始每週召開員工會議。過了兩星期後（第一次開會是破冰活動，大家分享個人的事，例如最喜歡的節日傳統，接著第二次開會是檢視全年的預算），老闆把賴瑞逼到角落，告訴他：「聽著，賴瑞，快點幫幫我。你去找幾個人，想想我們開會的時候到底要講什麼，我不知道要如何填滿時間！」

會議不斷增生，成為吃掉時間的怪物，但我們強力否認有問題，會議不能不開。我們還以為可以整天都在開會，而要做的工作也會在同一時間完成。到底是誰要去做——我也不知道，大概是魔法小精靈吧。我們還以為自己有辦法「無縫接軌」，早上八點就開始開累人的虛擬會議，一路開到下午六點，而且全程都有辦法保持專心與活力。我們和水牛一樣，被鼻環拖著走，走過五顏六色的行事曆，接著在晚間面對現實，開始做「真正的工作」。

當行事曆上排滿密密麻麻的事，我們永遠無法自由採取策略性停頓。少了白色空間當緩衝，我們將無法鎮定回應，或是快速處理當下出現的機會、緊急事件或好運時刻。那正是我們應該改變作法的重要原因。我們必須縮減會議，替創意、恢復元氣與反省挪出空間。停頓會帶來洞察力，而有了洞察力，我們將有辦法抵達那樣的空間。我們能看出並不是每次的小組會議都「需要」我們——同樣的，也不是每項決策與專案都需要開會。

處理究竟該開多少會議的問題時，請在兩個核心的決定時刻策略性暫停。這兩個時刻，將決定我們整體的會議安排：**我們受邀前**與**我們接受前**。搞定這兩個時刻後，後文會再帶大家看，假如依然有要開的會，該如何改造開會的方式。

在白色空間式的會議，與會者準時抵達，但不必匆忙，因為一天中的會議銜接時間經過設計。雖然有議程表，但只要寫上夠好的項目就好。手機放在看不到的地方，以免干擾人際連結或策略流，改用簡單的紙筆或掛紙白板記下點子。每個人絕對被允許思考後再發言。享受這樣的互動後，或許有一天你會更期待開會。

SBH——我不該在這裡

以新方法開會的第一步是追蹤無聊；追蹤一下，就會發現很多事。假如你開會時感到無聊，或許這是不可免的，工作就是這樣。然而，如果你好好體會，無聊就會變成寶貴的證據，證明你在某個時刻待錯地方。當會議允許數位多工時，我們便把能帶來啟示的無聊**關靜音**，用螢幕時間自娛，完全不去問自己整套相關的問題：為什麼你會感到無聊？你是否不該待在這兒？現場的其他人是否不需要你？你是否只是害怕拒絕，才參加這場會議？

如果你參加感到無聊的會議，又無法靠影音設備分心，就能把自己的處境看得再明白一點。有兩種可能：一、你判定那項工作很辛苦，有時還很無聊，但這場會議**還是**少不了你。二、你判斷自己對這場會議沒貢獻，也不會因此獲得好處。若是後者，就策略性暫停一下，在心中說：「我不該在這裡。」（SBH：Shouldn't Be Here的縮寫。）

每當開會碰上令你感到空虛的環節，就在心中偷偷重複這幾個字。一遍又一遍聽見這個訊息後，你將加強意識到問題，不再做代價高昂的否認。你心中會累積有用的不安，升高到臨界點後促成行動。事不宜遲。我們的研究顯示，我們的客戶開的會議中，整整有三成是他們認為屬於「我不該在這裡」的類別。

然而，不是有那種會議嗎？感覺不重要，但實際上很重要？的確有。可是，許多會議感覺很重要（通常是召開會議的人這麼覺得），但實際上不重要。我在南美的一場開幕活動上觀察到這件事，主辦者是某間事業版圖橫跨二十九國的全球能源公司。秘魯這個國家美不勝收，除了「cuy」讓人不敢恭維（當地的特色美食：全身完整的烤天竺鼠，就那樣整隻擺在你面前），其他都很好。

我在致詞的時候，請聽眾插進白色空間想一想，他們有多常覺得開會是在浪費時間，如果是就舉手。「誰覺得五成的會議時間是不必要的？」不少人舉手。「四成呢？三成呢？兩成呢？」問到這兒，幾乎所有人都舉手了，除了卡爾。我一路問到最後的

「有誰覺得0%的會議是不必要的？」，卡爾才自信地舉起手，但我很快就得知，所有會議都是卡爾召開的。

相較於其他所有的會議技巧，SBH這個小工具帶來捷報的次數最多。不論是哪個層級的團隊成員都一樣，光是意識到自己不該在現場，加上團隊一起檢討彼此的SBH洞見，就能控制無限增生的會議模式，從常識（所有人都知道，很多會議是浪費時間）走向常態作法（真的取消或拒絕參加與自己無關的會議）。如果有太多人都提出某個會議是SBH，你就曉得有必要改變那個會議的整體目標或設計。

會議邀請不是傳票

受邀參加會議時，如果有一套大家都同意的明確選項，團隊與個人將能受惠。假如不管挑哪個選項，同樣都會被尊重，就不會有隱藏的後果。接下來將介紹四種選項，每次受邀參加會議時，你若真正允許自己和團隊從中挑一個，行事曆上就會出現白色空間：

一、你可以接受：你接受邀請，因為你相信你參加這場會議的話，能貢獻價值或獲得好處。當人們能自由選擇接受，就會更投入，因為他們獲得自主權這個無價之寶。

二、你可以拒絕：你拒絕參加，是因為在策略性暫停後，判定這場會議不會替你的工作帶來價值。更重要的是，你也無法替這場會議增添特殊的價值。如果你以前參加過某些定期召開的會議，腦中一直唱著SBH的詠嘆調，就應該想辦法拒絕下一次的邀請。你一開始會很害怕，這種事資深員工會比較好開口，但你還是可以學著拒絕。

拒絕有很多訣竅，還有一些風險。拒絕前先暫停一下，請出你的「說不夥伴」（第八章提過），測試過你的計畫後再執行，確認你充滿敬意的拒絕措辭能讓人接受。給自己時間，想好再決定。首先，你要研究拒絕將帶來哪些好處與實質的後果，檢視自己在面對選擇不參加的挑戰時，會有哪些情緒反應。領袖請注意，你的團隊選擇不出席時，你的反應很重要；他們將因此在未來自由運用這個技巧，又或者不再有意願這麼做。

如果你因為想在會議上露臉而猶豫該不該拒絕，那就想一想這個理由夠不夠正當、你有多少選擇的餘地。坐在大老闆旁邊確實有利於晉升，所以，有時你只是為了有曝光機會而接受會議邀請——這沒什麼不對。你是想過了才選擇出席，那正是我們要的。此外，別忘了小心選擇合適的拒絕管道，看是 2D 或 3D 比較合適。如果不管三七二十一就拒絕，你可能會低估合作的價值。假如你有這種衝動，在你不准任何人動你的行程表之前，最好先慢下來。另外一點是，若會議與營收相關，或是要和客戶見面，那麼除非真的明顯不需要你，否則那種會議當然幾乎永遠都不該錯過或取消。

非常資深的高階主管，還需要考量另一個層面。克理夫認為某個會議對他而言是 SBH，於是沒出席，但沒想到他握有召開會議的團隊不知道的關鍵資訊。克理夫的缺席害公司損失慘重。我們因此一起擬定策略，以後當克理夫要拒絕時，將在策略性暫停時間多想一下，利用簡化大哉問的第三條來篩選：「他們**真正**需要知道的事是什麼？」接下來，克理夫可以選擇寄 2D 的準備內容給團隊，這樣未來他不出席會議的時候，比較不可能出差錯。

在許多公司的會議文化中，每個人的行程表是公開的，任何人都能填上會議。丹堤的行事曆管理方式就是這樣，因此自然會損失所有的白色空間可能性。公司同仁被緊急的幻覺沖昏頭，不先確認丹堤有沒有空，就指定他開會。丹堤的行事曆離譜到同一時段要開兩、三個會。會議巫毒的法力在全球無遠弗屆：有人在美國紐澤西訂出開會時間表，結果是澳洲雪梨人受苦。

如果你因為這種設計不良的安排，導致行事曆失控，白色空間不足，無法好好工作，那就試著「蓋上外套」。道理如同你一個人去看電影，但不想要旁邊坐人，常見的作法是把外套扔到旁邊的座位，有意無意間占位。假如有人問：「這個位子有人坐嗎？」你當然要拿走外套。但是，在有人問之前，外套能幫到你，增加你在擁擠的世界感到舒適的可能性。

商業世界的外套是什麼？倘若每個人早已知道、也尊重「白色空間」，那麼白色空間便是外套，能大剌剌地擺在你開心、放鬆的行事曆上。不過，在那一天成真之前，你得用較為巧妙的方式扔進外套。你可以填上「策略時間」、「規劃時間」、「思考時間」、「創意時間」——這些名稱是在告訴大家，這些時間是有價值的，你設下界線。

三、你可以派代表：當你不能去，又不想延後舉行會議，派代表是聰明的作法。領袖考慮這個選項時，將不得不問自己，自己受邀是否有戰略上的理由，又或者只是充當門面。你可以用派代表的方法培養團隊，或是派出比你懂該主題的人。派代表是交叉訓練的好方法，可以培養能力，獎勵高潛力人才，建立團隊信任感。

四、你可以隨時待命：為某個會議「隨時待命」的意思是開會期間可以找你，但你人不會在現場。這就像身上掛著呼叫器的醫生待命一樣，你可以呼叫他們，但他們人不在醫院。你待命的時候，在開會期間依然坐在辦公桌前，忙著推進其他的工作。你手機開著，放在手邊，萬一需要你分享資訊、回答問題或投票，開會的人可以打給你。你待命時不講電話，也不開視訊，因為這兩種管道太難快速抽身。同樣的，待命時不要做高度需要創意與專心的工作，因為會很難打斷。利用待命時間做必要但簡單的工作，例如處理電子郵件、寫報告、管理行事曆等等。待命是讓時間最佳化的好辦法。待命狀態會列在會議紀錄上，可以由主辦人發起，或是你受邀後請他們這樣安排。你一次只能替一場會議待命。

會議的簡化大哉問

接下來，我們要更加深入思考，把簡化大哉問套用在會議上。每個問題都能強迫你停下，要自己專注：

- **有可以放掉的事嗎？**這題能協助你看出沒必要參加每場會議。你會更懂得篩選，挑最值得參加的會議。
- **到什麼程度就算「夠好」？**這能簡化你的議程表和簡報，只提供程度剛好的支持與引導，不把力氣花在不必要的細節。
- **真正有必要知道的事是哪些？**這可促使你跳過過度 2D 的會議（不必參加會議也能知道內容）。領袖問這一題時，將能給團隊成員自由，自行做決定。
- **哪些事值得花心思？**看著會議行程時問這一題，你將注意到每星期的主要會議是哪幾場，接著利用建設性停頓，做好充分的準備，全力以赴。

如果你是負責組織會議的人，重要的減法任務就在你身上，你位於我們試圖改寫的加法流程的源頭。寄出開會邀請之前，先利用策略性停頓，走過以下的步驟：

- 從戰略的角度來看，努力釐清真正需要參加這場會議的是哪些人。
- 交叉檢查出席名單，確認邀請這個人是否「只是為了以防萬一」，或動機純粹是出於辦公室政治的考量、角色重複了、「只是想讓某個人了解狀況」，或是過分強調合作，邀請一大堆人。
- 把會議加進行事曆前，先確認那個時段是否是開放的，以免把兩三場會議排在同樣的時間。除非事態緊急，否則不要請別人拿掉他們的白色空間或「外套」（這個空間已經被占的標示）。人們那樣安排是有原因的。
- 當你聽到打算婉拒的請求時，保持好奇心與中立的態度。

會議該邀請的對象，包括具備相關的專長或洞見的人；唯有這個人有權做決定；參加便能學到東西的人；會被開會結果影響的人（找幾名代表人即可）。

特別留意該採取2D或3D形式，也能減少開會流程中的2D與3D參加人數。開會前先蒐集2D資訊，就不必專門找人在會議上朗讀事實或數據。另一方面，會後公布2D的開源紀錄，將能協助我們了解在溝通方面有兩種選擇：邀請或告知。此外，對於選擇不參加會議的人來講，提供開源記錄也能大幅減少FOMO（Fear of Missing Out，錯失恐懼症），甚至變成我們的FOMO（Finally Obtaining More Oxygen，終於獲得更多氧氣）。

走廊時間

這裡要提醒大家，開始減少你參加及召開的會議總數後（終於看到整體行事曆上真的出現一些白色），在你仍然得開的會議之間，也要加進關鍵的白色。對我們疲憊的身體與累壞的大腦來講，在兩件事之間簡單空下五到十五分鐘，情況就會很不一樣。

我們公司稱這種方法為「走廊時間」（Hall Time），這是在模仿高中的典型作法。學校需要把師生從A地移動到B地時，用典型的雙鈴聲系統，插進一段時間。第一個鈴聲提示你起身出發，第二個鈴聲出現在你抵達下一個地點時。兩個鈴聲之間是轉換時間。企業也可以採取「走廊時間」（虛擬的也行），向這種合理的模式取經。

如果我們大方地假設開會是有意義的，那麼很重要的一件事，就是會後繼續去做其他事之前，先消化每場會議帶來的點子與建議，吸收其中的豐富維他命與蛋白質。然而，要是被困在接二連三的會議裡，那就像是一整天都在吃東西，卻沒吞下食物。此外，會後進行反思，能讓每場會議都比前一場好。我們要留意與詢問點子是否被自由分享、是否有進度、事情是否按部就班進行。我們從錯誤中學習理想的選擇，下次會更好。

開始訓練自己在行事曆的每一場會議之間（包括電話會議、視訊通話、一對一見面），加進走廊時間。如果你是獨自執行走廊時間，你可以暗示這樣的間隔，把預計要開六十分鐘的會議，在日曆上預設成四十五至五十分鐘；預計要開三十分鐘的會，設成二十至二十五分鐘。我向你保證，人們絕對會注意到這件事。當你示範如何讓自己的行事曆合理一點，你同時也是在示範寶貴的一課。由於有限的時間框架會引導我們減少閒聊和開場白，額外的好處是我們將開起效率更高的緊湊會議，快速切入重點。要注意的是，若要在第四十五分鐘或五十分鐘結束會議，得先鋪陳。假如是四十五分鐘的會議，四十分鐘就要收尾，在第四十二分鐘總結行動項目與後續步驟。第四十五分鐘時，所有人已經走出門或下線。

手機導盲

隱形裝置是讓太空船隱形的技術，所有的現代科幻小說主角都少不了這項技術。然而，就連《星艦迷航記》裡的克林貢人或羅慕倫人，也沒有雙向的隱形技術，但我們大部分的人都有：手機能做到這件事。當我們感受到嗡嗡作響的震動提示，拿起手機後，我們具備感受能力的自我便瞬間隱身。很奇妙的是，這種作用是雙向的。在這種時刻，人類世界從我們的視野消失。我們看不見任何人，聽不見任何人。我們一碰到手機，就什麼都接收不到，世界只剩手機。

我們沉浸於電子裝置和社群媒體時，失去對時間和注意力的掌控，工作與開會時心不在焉（以及在其他任何場合都一樣），親身示範什麼叫做「人在心不在」（absent presence）。[3]這個概念由斯沃斯莫爾學院（Swarthmore）的心理學教授肯尼斯・格根（Kenneth Gergen）提出，意思是你身體在房間裡，但「心思」不在房間裡。人在心不在，會影響我們的人際關係，影響人們給我們打的分數，因為我們每一刻的專注力，其實是我們無形中提供的東西。我們收走專注力時，尤其是沒解釋就抽走的話，**其他人會**

發現。同事會認為我們粗魯、恍惚或缺乏社交成熟度——沒有一項對我們的目標有利。

有一次，我和客戶開會，碰上對方人在心不在。我問他們的全國化妝品公司有多少間分店、多少位區域經理，我話還沒講完，那位資深經理拿起手機，人就消失了，一直在看手機螢幕，不再回應我。

我猜對方大概是忙著回覆電子郵件，所以我接著講下去，但默默感到被無視。感覺上整整有兩分鐘的時間，我就那樣尷尬地自言自語。那個經理的眼睛一直沒看我，接著突然抬起頭說：「三百五十。三百五十個區域經理。」原來這位經理有在聽我講話，但因為我無從得知他在做什麼，所以他的行為被我誤解。由於幾個啟動隱形裝置的時刻，雙方的連結與討論流暢度會受到影響。如果人在心不在的現象發生在會議上（以及任何地方），在場的人會眼睜睜看著我們消失不見，不曉得我們在做什麼，也不知道我們何時才會再度出現。

在這類情況中，或者只要涉及數位裝置時，「手機導盲」（Phone Narration）的技巧很好用，也就是你在使用任何有螢幕的裝置時，大聲描述自己在做什麼。數位的冰淇淋車經過時，這個技巧能讓你輕鬆維持人與人的通訊。如果你在講話或開會時，需要看一眼數位裝置，就向同事描述你在做什麼，讓同事知道你去哪了、何時會回來。這個好習慣很簡單，只需要告知「我需要回一下老闆」或「我查一下區域經理的統計資料」。只要你和別人在一起，大致講出你對著螢幕在做什麼，將是非常好的習慣。

順帶一提，家中也是告知我們在做什麼的重要場所。如果親友在旁，我們抓起手機時可以說：「我查一下去湖邊的路怎麼走。」接著才打開地圖。或是在你消失之前，先講：「我回一下奶奶早午餐的事。」你的孩子、朋友、另一半，就不必忍受你一頭鑽進螢幕所引發的分離焦慮。此外，這個技巧有一項非常好的附帶好處，就是強迫我們大聲說出，究竟**為什麼**要拿起我們的數位裝置情人。我們準備開口時，通常會尷尬地發現，根本沒理由拿手機。

棉花糖

喜劇演員傑瑞・賽恩菲爾德（Jerry Seinfeld）曾說，好萊塢計畫最美好的時刻，就是第一場會議的最後三十秒。大家走出門，像好兄弟一樣勾肩搭背，接著就每況愈下。原因是與會者常油嘴滑舌，舌粲蓮花，討好現場最有權勢的人。這種場景在工作上也很常見，我們通常會講人們想聽的話，不說逆耳的忠言。

會議會那麼無聊，原因包括我們迷失在滔滔不絕中，重細節、輕效率，喜歡聽好聽話的程度，超過真誠的意見回饋。此外，相較於果斷行動，我們傾向於沒完沒了地商議與確認。我們往會議加進大量耗時的甜言蜜語，但最終都是虛的，跟製作棉花糖沒兩樣——我們吐出那些話，原因是出於渴望討好與討人喜歡、害怕冷場，以及團隊缺乏真誠。另一種可能則是倒過來，我們講話過於直接，不體諒他人的心情，咄咄逼人，壓過比較安靜的與會者。我們必須在這兩種極端之間找到平衡，才可能開理想的會議。

如果你即將在會議上發言，希望避免膩味、沒意義的甜言蜜語，也希望避免講話缺乏修飾，以下幾個問題可以協助你確認。策略性暫停一下，從幾個有用的角度，想一想你即將說的話：

那樣講和善嗎？

那樣講誠實嗎？

有必要講出來嗎？

那樣講和善嗎？有的人認為，在會議上講話不留情面，可以節省時間，但這種說話方式不會有長期的好處。請對彼此和善。給你的會議速度一點空間，允許步調慢一點，你便有餘裕看出你是否讓人尷尬或傷感情。請把這當成創意挑戰：有效說出你想說的話，但也要有禮貌，在乎他人的感受。

那樣講誠實嗎？這一題能快速略過高升糖指數的迎合與討好，勇敢地只說實話。記住，明確與坦率是極度正面的商業特質。如果雙方的目標一致，兩邊都採取站得住腳的方法，那麼正常程度的衝突是好事。

有必要講出來嗎？有的人因為過分重視氣氛要融洽，忙著討好，講空洞的讚美，迷失在緊張的開場白中，導致綁架團隊的時間。此外，如果離題是你的弱點，請記住以下層層遞進的經典口訣：

- 有些話的確和善、誠實，但不代表有必要說出來。
- 有些事需要說出來，但不代表需要由你來說。
- 有些事需要你講出來，但不代表有必要現在就說。

典型的情形是，你覺得其中兩個問題很容易，剩下的那一個才是真正考驗。對性格剛硬的人來講，和善是考驗。缺乏安全感的人與乖乖牌，對實話實說感到膽怯。愛講話的人通常很難分辨哪些話有必要講、哪些沒必要。你需要練習，才能三者都做到；但不論你哪一項最弱，問自己這三個問題時，自然不得不暫時停下，而你的會議將會更美好。

意向開會

會議理應是先獨自努力後、一起收割成果的時間。會中創意火花四射，一起享受令人目眩神迷的煙火秀。我們在本章學到很多可以綜合運用的會議戰術，有助於你只把正確的會議排進行程，出席最關鍵的會議，讓眾人聚在一起的時間帶來最大的價值。

凱蒂．薩杰（Katy Saeger）發現，把「意向性」（intentionality）帶進每一場會議，結果會大不同。達賴喇嘛在臉書上的龐大影響力，凱蒂是背後的推手。機緣巧合之下，凱蒂在達賴喇嘛的演講上認識一群僧侶，在他們心中留下深刻的印象，此後十年一起合作各式各樣的計畫。

凱蒂是企業加速器 Harmonica 公司的執行長，她原本習慣參加「一般的會議」，也就是即興發揮、乏味、價值零零星星的會議。然而，僧侶的會議改變了凱蒂的作法。由於致電寺廟是非常複雜的一件事，無法以遠距的方式進行重要的對話與策劃時程，因此，每當有關鍵的事要商量，凱蒂都會從加州飛到印度親自見面。

有一次，為了達賴喇嘛的計畫，凱蒂前前後後飛了八趟。每開一次會，就去一趟印度。每次抵達時的準則都一樣：意向（intention）與當下（presence）。那幾場會議沒有預定的時間表，甚至大部分的時候，凱蒂不會先訂回程的班機。開會時間會訂在某幾天之間，等時間對了，僧侶或達賴喇嘛會接待凱蒂他們，接著他們才坐下來思考、規劃、做好準備。

到了該開會的時候，意向性會更進一步。**整裝待發**。該怎麼做？**不慌不忙**。我該如何配合翻譯人員的節奏，而不會失去連結？**挑選遣辭用句**。為求清楚與相互了解，每件事都被簡化。會議期間讓人感受到的專心致志，甚至更明顯。凱蒂回想每次的僧侶會議，完全是另一個世界的事。

凱蒂成功做到僧侶會議的要求，結果十分理想。她記住深度存在於當下與目標明確的感受。凱蒂談到，如果她號稱日後每次開會都能做到那樣的境界，那是在講假話，但印度的開會經驗帶來深度意向性的範本。每當有辦法的時候，凱蒂都會鼓勵團隊走過同樣的意向性過程。這場會議最大的目的是什麼？我該如何帶來貢獻？我如何有助於所有人的共同利益？

1分鐘思考時間……

更好的開會方式

記住：

- 當你意識到自己感到無聊，且沒有任何數位的多方談話能蓋過無聊時，有助於你確認自己處於SBH狀態（我不該在這裡）。
- 留意邀請開會的流程——邀請別人與接受邀請都要小心，才能增加一天中不必開會的時間。
- 走廊時間是兩場會議之間安排好的空間，停下來消化、打起精神或做準備。
- 與數位裝置互動時，可以運用手機導盲技巧，避免「人在心不在」，並且讓其他人知道你在做什麼。
- 在會議上開口與提供建議時，問自己：那樣講和善嗎？那樣講誠實嗎？有必要講出來嗎？

問自己：

- 「我考慮回絕會議邀請時，究竟在怕什麼？」

CHAPTER 10

白色空間團隊：一起創造新常規

“我們可以各自登山，也可以一起形塑工作方式。”

到了白色空間之旅的這個階段，各位大概已經發現選擇比想像中多。你看出如何逃脫「永遠還不夠」的文化相信的事，開始實驗白色空間法的原則，應用所有關鍵工作場合都適用的工具。或許你現在不必一氣之下辭職，跑去當撈螃蟹的漁夫，不過你可能也好奇，是否還能更進一步強化相關的概念，帶來可付諸行動的永久工作方式？有的。你需要建立**常規**（norm）。

常規是指具有權威性的標準或行動原則，有辦法約束團隊成員。如果你和團隊能真正休假，完全聯絡不到人，八成是因為那是你們公司的**常態作法**。假設你信任組織裡的每個人，大概是因為公司的人**平日習慣**有話直說，做事負責。當某件事稀鬆平常，我們就比較容易做到，沒有太大的阻力。你可以有完全只屬於你一個人的慣例，但如果大家一起來，你們將如虎添翼，飛抵永續的成功。你可以和一位夥伴建立兩人的常規，或是和家人、小型團隊，也可以是大型組織裡的所有人，一起建立常規。

常規能協助我們理解**「文化」**這個職場上最模糊的詞彙。文化虛無縹渺，不同公司有不同的祕方，需要出動顧問、碟仙板與使命宣言，才能從迷霧中召喚出來。等公司文化終於被寫成文字，那些話通常會放著積灰塵，沒人身體力行。

文化其實沒那麼複雜。如果你蒐集並集結現有的常規，那就是你們的文化，包括與溝通、緊急事項、浪費、休假、會議、電子郵件、思考有關的常規。每個領域都有常規，縫在一起後，你將得到文化的拼布。訂下新常規的過程有可能是恰巧出現的，不過以下要帶各位看看如何刻意建立常規。

為什麼大家一起來很重要

這裡先說清楚，你的白色空間屬於你。不論有誰參加或不參加，白色空間都屬於你。不管你的老闆、團隊、公司是否也想奪回對時間的掌控，都沒關係。無論你是獨自工作、和他人一起工作，或是沒在工作，你停下腳步的能力是不會耗竭的資源，你如今擁有這樣的資源。你再也不需要別人的允許，才能挪出一分鐘思考。

永遠不必。

你，光靠你自己，就能留意時間的小偷。你，只需要你一個人，就能應用簡化大哉問，做減法暫停，刪去今日的待辦事項，控制你的衝過頭、完美主義、資訊過載與瘋狂。事實上，在你招募到任何盟友之前，你學到的大部分的工具，已經能大力協助辦公桌前的你。然而，有人共襄盛舉會更好。當你和其他人一起讓白色空間成真，阻力將大幅減少，得以共同支持與維護這樣的空間。

民族誌學者萊絲莉．佩羅（Leslie Perlow）研究職場上的改變，提出工作變革的「重點不是行動，而是互動」。[1]佩羅透過兩項研究，以明確的證據證實這個簡單的道理。研究對象是波士頓顧問公司（Boston Consulting Group，簡稱ＢＣＧ）忙翻天的人員。[2]小組的共同目標是讓每個人能週休一晚，那場「可預測的休息時間」（Predictable Time Off，簡稱ＰＴＯ）實驗，想辦法讓團隊成員每晚輪流休息，有一個人可以完全不碰工作與無線裝置。

集體的支持讓事情變得不同。如果有人的晚間休息時間，碰上必須準備大客戶要的東西，十萬火急，其他人將幫忙救火，一起把事情做完。至高無上的客戶獲得完美的服務，凡人工作者也得以輪流恢復體力。然而，只有在**大家一起來**的時候，這個制度才會成功。最初的小組挑戰這個假設、一起努力，在測試完範本並加以改良後，成功從十個小組這麼做，推廣至兩千個，最後，分布於三十五國的全體ＢＣＧ社群都受惠。佩羅表示：「並不是你管理你的時間，我管理我的時間，而是集體一起擁有時間。」

因此，如果你最好的朋友、老闆、團隊、夥伴或同事，願意和你一起探索白色空間的原則、共同練習這種新的工作方法，你們將是彼此的後盾。你和船上的好夥伴一起捕獲鮪魚與磷蝦。設定白色空間的界線時，你們是彼此的智囊團，相互加油打氣，以更快的速度走得更遠。

道理如同公路自行車的選手，利用「破風」（drafting）這個空氣動力學技巧。由領騎員穿過空氣，形成牽引第二名車手的低壓區。神奇的是，雖然領騎員出的力較多，但他本人的表現也會因為後方的渦流而提升。相較於各自努力，兩個人利用破風原理騎過相同的距離，需要出的力較少。

要是沒有同伴或團隊，任何事都要更費力才能達成高績效，也不一定能形成動能。想像你住在沒人做資源回收的城鎮，沒有回收桶，沒有指定的回收地點，也沒有朋友或陌生人和你一起做環保，你全靠自己一個人回收，那會有多困難？前方的路將很漫長。你於是制定計畫，請街坊鄰居響應，從你的小圈子開始回收。或許你可以給配偶看相關的紀錄片，等到罪惡感與鼓勵達成完美的比例後，另一半有可能會參加，順便也教孩子回收。你逐漸讓其他的父母與鄰居也響應，甚至更進一步，向市議會請願分開收垃圾。一段時間後，同伴愈多，你肩上的負擔也就愈輕。

如果你有意這麼做，那麼接下來的路，將和這個回收的例子一樣，從同心圓出發，向這個世界介紹白色空間。從你開始，接著有另一個人加入，再來是一小群人，繼續往外推廣，慢慢建立新常規。有的人只需要獲得一個白色空間的夥伴，就能感受到支持；

有的人則認為要有白色空間的團隊比較好；有的人甚至希望掀起革命。

以下是我們公司在推出訓練計畫、與希望建立新常規的客戶合作時，帶來輔助效果的幾種作法，可協助你在更短的時間內，以更輕鬆的方式，抵達要去的地方。如果你在大公司工作，你將碰上特有的障礙。我們在企業層級推廣點子時學到不少心得，有興趣的人可以上網站看看（www.julietfunt.com/jfg）。

先從你開始

第一步，不論你的組織是大是小，請先在自己的工作與影響力範圍，熱情追求白色空間。在你將掃把交給鄰居前，先運用本書介紹的工具與策略，清好自家的門前雪。如果你依然不管三七二十一，要求所有人參加會議，整天打斷別人，還寫四百字的電子郵件，那麼你不會是別人想要模仿的對象。

讀完本書後，複習每章最後的「一分鐘思考時間」摘要，瀏覽學到的詞彙與概念。

提醒自己使用深有同感的策略性停頓，在接下來幾星期，挑幾個方法在真實生活中用用看。許多人以很簡單的方式開始，只使用見縫插針法。有些人想針對特定的痛點，例如電子郵件或會議。有的人從家裡做起，我們下一章會再詳談這部分。挑你最想做的白色空間法，開始行動。

當你的身心靈在實驗過程中接收到渴望已久的工作氧氣，你的腳步將不再沉重。努力執行後，你整個人會鎮定下來；別人會注意到你的轉變，原本觀望的人會好奇要怎麼做，才會更像你一樣。此時你可以溫和地引導他們，開始對話。

投其所好

為了讓大家一起投入、朝新常規邁進，你在分享發現時，要用別人聽得進去的方法。你將需要學習愛的語言：不是婚姻專家蓋瑞．巧門（Gary Chapman）的勵志書教的那種，而是工作版的愛之語。與你共事的每個人或上司，當你提到他們關切的事，他們的頻道會更能接收到資訊。如果你在介紹白色空間時頻率對了，一下子就能抓住對方的注意力。大部分的專業人士有三種主要的「語言」：財務、人或點子。許多人三件事都在乎，但通常主要在乎其中一項。

第一種是財務型的朋友，他們是季度思考者，整天埋頭制定下一個目標，對聽起來偏軟性的事沒興趣，例如恢復元氣或深思熟慮。這類型的人會輾轉難眠的原因，包括電子試算表、投資報酬率、削減成本。他們很容易被當成壞人，「滿腦子只有錢」，但賺錢和留住錢是企業的主要目標。要是少了幫忙看管的財務型人士，夢想家只能喝西北風。如果你想取得財務型人士的支持，不要談「壓力」、「健康」或「平衡」。你和他們談白色空間時，要強調量化的數據、工作流獲得改善，以及付錢要員工做不必要的工作是不合理的。

交際型人士則重視人情味、培養感情和泰迪熊。在平衡工作與生活的競賽中，這一派人士通常站在「生活」那一方，高度重視要讓自己與一起工作的人有良好的感受、喜愛自己工作的地方，以及讓所有人一起欣欣向榮。想讓這一派的人對白色空間感興趣的話，你要強調的主題是在白色空間的助陣下，工作環境將以人為本，員工也會有健康的心靈。

熱愛點子的人士比較少，但他們會是最起勁的人。他們執著的重點是創新、專利、產品重塑。他們會懊惱團隊因為專注在錯誤的事情上，沒能把握住解決方案。渴望獲得工作創新的人士，有興趣知道白色空間是催化劑——讓創意之火愈燒愈旺的氧氣。

除了投其所好，另一種有效的作法是把白色空間的對話，連結至對方目前的計畫或興趣。展開你重視的對話前，那些事將是新常規的基本要素，記得策略性暫停一下，提前做好準備。問自己：這個人是否對某件事感到興奮，而白色空間可以助那件事一臂之力？（他們希望氧氣幫助哪團火燃燒？）對方如果對某件事有熱情，或是有煩心的事，又或者他們是領袖，目前正在專心完成某個計畫，那麼你的開場白將是談那件事。

假如你想讓某個人支持白色空間，而那個人不停抱怨每天有接二連三開不完的會，那就介紹白色空間可以完美幫上**那方面**的忙。只要利用很簡單的走廊時間或ＳＢＨ（我不該在這裡）概念，就能深深影響行為。

如果有人是委員會的成員，任務是讓你們公司成為「最佳職場」，那就介紹白色空間可以完美幫上**那方面**的忙，解釋白色空間能協助打造適合宣傳、吸引人的工作環境，把空間留給有意義的工作。

倘若領袖關注如何讓業務在接觸客戶時，方法能更有創意，那就介紹白色空間可以完美幫上**那方面**的忙，強調策略性停頓能讓業務把更多的時間用於對客戶施展同理心，更專注於眼前的事，提出讓人感興趣的價值主張。

最後提醒大家，請把「常規」和「文化」這些詞彙收在後口袋——一開始先收著，因為「常規」聽起來冷冰冰的，令人感到陌生。「文化」則是房子的地基，不會輕易改變。要改變文化的話，一般必須獲得公司各階層的支持，有時還得投資一大筆錢。那要用什麼詞彙替代？跟各位介紹一下，這位是「心態」，它是文化的親戚，性格沒那麼嚴肅，通常穿著夾腳拖。「改變心態」是隨口就能聊的主題，平易近人，而且有可能做到。沒事就聊聊心態吧。

聊如何做到

攀岩的時候，教練經常會對著初學者大喊：「相信你的雙腳。」攀岩教師知道，攀岩鞋的材質是經過嚴格測試的橡膠複合物，有著最大的黏性，能夠貼合岩面上幾乎看不見的平台。即便你的恐懼不願意承認，但這種小精靈的鞋子其實能帶來高度的支撐。然而，當你人掛在離地一百英尺的花崗岩上，只用手指甲撐著，聽見「相信你的雙腳、相信你的雙腳」，並沒有辦法引導你做特定的**動作**。

有的攀岩老師會示範「空鞋」，效果因此大不同。他們脫掉一腳的攀岩鞋，壓在岩石表面上，在你的視線高度教學。他們的腿會像舞者一樣彎出去，示範「腳指頭直接放上去」和「用某個角度壓著岩面」的差異。明確的指示會帶給人們信心，引導他們進步。接下來，換學生上場，開始練習，修正技巧。

許多白色空間的支持者試圖建立社群，其中的每個人都相信白色空間的基本原則與好處（效率、深思和釐清），但就如同剛才的例子，專業度較為不足的攀岩指導者，忘了談**如何做到**。你在對話時，若能詳細介紹明確的作法，效果會更好。先從你自己最喜歡的工具與概念講起，介紹如何採取行動，分享給大家。道理如同好市多（Costco）分發美味的試吃品，你要讓人輕鬆就能試用白色空間的技巧，而不是一開始就得購入批發的量。

馬蒂斯全球活動（Maritz Global Events）公司的總裁大衛・佩金浦（David Peckinpaugh）就是這麼做的。

大衛是我合作過最和藹可親的領袖，他與眾不同的地方，不只是他腳上的蛇皮牛仔靴。大衛用「心」來帶人，平日和人資團隊透過特定的技巧一起解釋白色空間的概念，效果很不錯。他們向旗下一千兩百位超級忙碌的活動專業人員推薦白色空間，透過簡單的網路會議，展示起步時可以運用的三個特定工具，包括簡化大哉問、黃名單，以及避免寄一字電郵。

大衛以順其自然的方式，慢慢推廣白色空間的概念，其中最有成效的一群人，大衛開始稱他們為「白色空間戰士」。這群戰士支持並推廣（正面的社會從眾）暫停心態與減法的整體概念，甚至替全公司製作可愛的水瓶，上頭寫著「來一口白色空間」。

大衛用在自己身上時，也是專注於幾項特定的工具，例如安排帶來建設性的暫停，時間長度是高階主管級的，每天暫停三次，一次半小時，用於投入創新、創意思考與公司策略。大衛說他保住這些時段的成功打擊率，大約是 .700 ——不是完美的 1.000，他還在努力百分之百做到，但已經深深投入這個長期的習慣。這些時段活化了大衛的思考，影響他的長期成長策略，強化公司的規劃流程，因此他怎麼可能不保持這個好習慣？

親愛的領導者

我父親最喜歡替《隱藏式攝影機》訪問孩子，不過他會在這個環節碰上挑戰。[3]小朋友那麼小，他們會對高大的陌生大人感到害怕，我父親是如何快速消除孩子的恐懼？他的方法是點燃火柴，假裝自己吹不熄。父親會想辦法坐在幼兒園尺寸的椅子邊緣，用誇張的表演方式一直吹，就是吹不熄，然後問小朋友：「幫幫我好嗎？」小朋友會幫忙。幾分鐘後，我父親就會和他的新朋友聊起守護天使、好吃的義大利麵、錢，以及各種開心的主題。

我父親解決的鴻溝叫做「權力距離」（power distance），這個概念由吉爾特・霍夫斯塔德（Geert Hofstede）教授提出。[4]相關現象會導致人們迴避或拖延他們認為權勢高過自己的人，並封閉誠實溝通的管道。我父親透過請求協助，和每一位吹蠟燭的小朋友，消除權力距離，打開親近的大門。

如果你手上至少帶著幾個人，那麼這一節是寫給你的。打造白色空間需要親近感，而為了培養那樣的親近感，你需要和我父親一樣，處理權力不平衡的問題。你得求助，不要假裝自己什麼都會，而是誠心請大家提供各式各樣的意見，才能邁向你希望見到的改變。和人們聊他們的需求、渴望與感興趣的事。此外，不能只是做做樣子，還得真心採納對話中冒出的點子。接下來的步驟會解釋該怎麼做。

倘若你是拿著這本書的資深高階主管，你的力量大過所有人——力量愈大，責任也愈大。我們需要你帶著超能力參與這場戰役，確切的原因如下：不同於學習或工作發展等主題，勇於把思考與恢復元氣當成商業工具，屬於特殊的轉變，**背後需要有人允許**。如果你傳授團隊棘手談話的新技巧，或是銷售技巧，部屬不會先望向你、用眼神詢問是否真的可以運用。然而，員工的第一次策略性暫停，將違反他們從小學到的每一件事；

沒人聽說過暫停能讓人在工作上獲得獎勵。員工將需要你的默許與明示，請做以下的幾件事，授權員工這麼做：

質疑你對於時間自由的假設：位高權重的高層有時會誤以為每個人都和他們一樣自由，也因此，他們認為找尋白色空間不是什麼太大的問題。他們會說「我根本很少看電子郵件」（提示：這位領導者有執行助理替他收信）或「我下決定的時候很乾脆」（他們沒意識到，一下子大膽行動會讓別人陷入麻煩）。資深領導者談到策略性暫停時，自然而然地假設一天中原本就該有思考時間。高層通常是下意識就這麼認為，但他們忘了，對於比他們低幾階的下屬來講，有一分鐘的思考時間是非常罕見的事。

直接詢問人們的苦處：工作很辛苦，所以才叫工作。的確是這樣沒錯，但除非你參加過《臥底老闆》（*Undercover Boss*）節目，要不然組織裡的人忍受的痛苦，將使你震驚或難過。你們身處同一個組織，但你沒意識到那些事。和你的團隊談，釐清他們的工作情形。知道最難做事的地方在哪裡後，你就能做點什麼。

承認自己也有責任：找出你曾在哪些地方製造出十萬火急與雜事一堆的問題，導致雪上加霜。盡量以壓低姿態和公開的方式，承認自己做錯。在星期日晚上寄電子郵件的人，是不是你？你是否從不休假，其他每個人也因此不敢休假？你是否要求員工針對內部簡報交出第十七個版本，但其實改到第九版就已經夠完美？坦承自己做了那些事，看看你採取第一個動作後，將帶來什麼樣的強大對話。

當個優秀的典範：國際商業分析研究所（International Institute of Business Analysis，簡稱IIBA）二〇一六年的〈影響力調查研究〉（*Research & Impact Study*）顯示，執行長第二擔心的事（百分之八十六的高階領袖煩惱此事）是「沒有充分的時間做策略性思考」，所以享受你的白色空間吧。看看要怎麼做，然後讓大家看見你以身作則。示範白色空間的方法有很多，例如：中午去看孩子的舞蹈表演、沒話要說就早點散會、分享自己的思考時間成果，或是只在「桃莉芭頓時間」工作（Dolly Parton hours；也就是朝九晚五，早上九點到下午五點＊）。你休假會宣布：「我要去放大假了，意思是那段期間不工作、不收信——**完全不會**。」接著，說到做到。請當個言行合一的人。

＊ 譯注：桃莉芭頓演過同名電影，也演唱過同名歌曲。

有的領袖在白色空間方面言行不一，你可以避免犯以下同樣的錯：

- 要求減少會議，卻不取消或縮短任何自己心愛的會議。
- 要人自行處理，實際上卻盯著每一件事。
- 抱怨電子郵件，卻改成用其他五種溝通管道。
- 意識到準備資料很費時，但照樣要求準備大量資料。
- 指定別人參加專業培訓計畫，自己卻從不進修。

修理道路，而不是車子：有的領袖走心靈路線，他們嘗試減輕員工的工作壓力時，通常從健康工具著手，果汁吧、瑜伽墊、計步器登場。相關福利針對的是人體機器的四個面向：運動、營養、心理與靈性。員工是被調整到最佳狀態的高性能車輛，那道路呢？道路是公司環境，有時是領袖最後才修補的東西。事實上，「把人最佳化」的作法，有時成為治標不治本的專用藉口。（我們提供了皮拉提斯課程，還想怎樣！）當工作感覺好難，把人壓垮，再次看似是員工的錯。意識到這種傾向能協助你避免這個錯誤。

伸出援手：還記得從前的「走動式管理法」（Managing by Wandering Around，簡稱MBWA）嗎？這種概念是指領袖應該抽空四處視察，有問題就幫忙。我們的生活不再帶有這樣的自發性，如今，所有的互動通常發生在安排好的時間內，而這是一個問題。假設你在開車回家的路上，看到路旁有人的車拋錨，你會選擇停下來幫忙或見死不救，端看你當天的時間壓力有多大。工作上，路邊也會有拋錨的同事，但我們通常忙到無法伸出援手。另一種可能是我們慢下腳步，但全身上下的肢體語言都在說，我們很趕，急著要去別的地方。如果你能讓行程表放鬆一點，將永遠有時間助人——而且助人的時候不會心不在焉。

光是交代下去還不夠：很多領袖自認已經處理了雜事與工作量過多的問題，但所謂的處理是**只出一張嘴**。領袖說：「我吩咐他們不要再寄副本給每一個人。」「我告訴他們報告不需要寫那麼細。」「我已經交代，如果流程有太多步驟就要告訴我，我才能幫忙解決。」然而，即便主管親口說出這些話，但指令要是和文化或常規互相矛盾、背後沒有支撐，很多員工便會無視。這些領袖對著船上的人喊話，但沒轉動船舵。要轉動船舵的話，需要應用並傳授特定的架構與共同的語言，大家一起來。

掌控或成長，自己挑一個：我接觸到這個簡單的方針後，改變了我的人生。我本身不斷回到這個座右銘，應用的範圍愈來愈廣。我最初聽到「成長」時，了解到若我放棄掌控，公司的營收結果就會改善。接下來，我發現放棄掌控會帶來團隊的成長、我的白色空間會成長、我的自我紀律也會成長。我們總是很想要換檔到掌控，但速度八成會因此受限。

替你要留下的遺澤做準備：有一天，你將不再是領袖。不論任期是長是短，你將留下遺澤。大家在你的退休派對上敬酒的話語，端看你留下什麼遺澤。遺澤是等著你寫下的故事，筆就在你手上。我們希望你回顧過去時會感到自豪，你讓你主持的工作環境充滿彈性、白色空間充裕。不論是什麼事，永遠允許花一分鐘思考。

還記得前文提過的安斯泰來製藥嗎？他們碰上資訊時間小偷，遇上重大挑戰，必須在合作與效率之間取得平衡。安斯泰來的美國事業領袖應用了白色空間的原則，成效頗豐。他們的白色空間作法，完美輔助了重視細節與衝勁的企業文化，去蕪存菁。他們在八個月的期間，四處分享白色空間哲學，所有參與的團隊因此以前所未有的程度，有辦法靜下心工作，目標明確。安斯泰來讓白色空間變成動詞，任何事都「白色空間」一下。

公司運用2D vs. 3D溝通法後，便能以更快的速度輕鬆完成工作。干擾變少，更能做好準備；郵件副本變少，生活不再充滿此起彼落的提示音。安斯泰來在執行一切的改變時，高度信任員工，因為在團隊做出改變時，領袖和大家上下一心。當大家提出大膽的改善點子時，開場白是「基於白色空間的精神……」。現在回想起來，早期引進白色空間概念的公司高層說過，關鍵在於放手讓員工去做。那位女士講得好，大家要相互體諒。

要有耐心

執行個人的白色空間時，要拿出無窮的耐心。如果你知道我本人有多少次跌倒後又爬起來，你犯錯時就會懂得拍拍自己。此外，你在號召別人、努力普及新常規時，也必須有耐心。可能要一陣子後，才會開始有人響應。

要花多少時間才能找到志同道合的人，可以看一個經典的例子。YouTube上有一個今日很知名的影片，背景是二〇〇九年的大腳怪音樂節（Sasquatch! Music Festival）。

一個精瘦的、打赤膊的男性，隨著音樂節奏起舞，動作奔放到你不會覺得畫面很美好，只懷疑他是否察覺不到世俗的眼光。然而，這個人同時也值得讚揚，他自得其樂。接下來，有一個人模仿他的旋轉動作。沒過多久，一個、兩個、三個，愈來愈多的音樂節參加者加入，最終有一大群人狂熱地起舞。這個例子讓人看到，有效的作法是透過吸引來影響他人，而不是聲嘶力竭。

在德瑞克．席維斯（Derek Sivers）被瘋傳的TED演講，[5]以及幾乎是這個影片的所有公開版本中，男子獨自跳了二十一秒後，才有第一個虔誠的弟子加入。我找到未編輯的原始影片，發現我們搖屁股的主角，其實**整整獨舞了五分鐘**，才開始有人認真加入。有的人跟著跳了幾秒，馬上就走開。然而，男子不受影響，繼續跳自己的，等時機對了，便出現追隨者。

你也一樣。你獨自奮鬥的時間可能會比想像中長。曾經有人路過，試一試你的假設，但又離開了。然而，我相信你的人會來的，你們會一起跳舞——就跟科技服務公司CDW的服務協調部（Services Orchestration）副總裁塔拉．巴比瑞（Tara Barbieri）一樣。塔拉熱愛自己的公司，她為公司的產品與樂善好施自豪。在珊迪颶風期間，CDW

準備了一整個拖車的筆電、路由器、轉接器，連夜送到災區，補充緊急服務設備。然而，在平常的工作日，塔拉忙到不可開交。

二〇一四年時，當時是總監的塔拉，首度接觸到我們推動的事。她希望讓團隊與組織也能運用白色空間，但公司不同意成立正式的計畫。塔拉沒放棄，開始自行運用策略性暫停，但一直都是一個人跳舞。整整六年後，到了二〇二〇年，她的團隊開始廣泛運用相關工具，終於有幾百位投奔白色空間的盟友。

塔拉是怎麼做到的？她的團隊當時大約有六十人。塔拉解釋：「我從小事做起，等著有人說：『嘿！真不錯。那是什麼？』」塔拉安排了會議之間的走廊時間，運用意想不到的少量白色空間，抓住人們的注意力。此外，她也利用電子郵件的主旨欄緊急提示，協助別人知道她需要什麼、何時需要。成功了。人們開始好奇，相關作法慢慢傳開。

塔拉的上司換人後，她獲得第一位高層支持者。那位上司較為資深，在全公司說話都有分量。安迪・艾克勒（Andy Eccles）不滿公司浪費時間的工作多到「令人丟臉的程度」，但不確定怎麼做才能減少。此外，安迪在個人層面上也極度渴望氧氣，他自十九歲起的加班時數就超過公司規定的上限。安迪的事業很成功，但也很寂寞，下班後沒什麼朋友。

塔拉的點子引發安迪的共鳴，兩人的結盟帶來引爆點，旗下的團隊逐漸改變一起工作的方式。他們運用白色空間的原則，抓到「溝通的甜蜜點」：共事的人能掌握情況，但不會被太多資訊壓垮。團隊想辦法減少隨時都很急的氣氛，砍掉浪費時間的工作，逐漸全面允許先想好再行動。

錦上添花的是，在全公司的韋萊韜悅（Willis Towers Watson）員工向心力調查中，塔拉和安迪的團隊分數領先群倫，高到不曉得接下來該朝什麼方向努力。健康團隊的活力顯然來自許多源頭，不過塔拉表示，白色空間絕對有一席之地。安迪也說他的週末以出乎意料的方式回歸了。

白色空間公司的路線圖

不論是獨自或一起、兩人或多人團隊，都能踏上旅程，奪回創意，戰勝忙碌，拿出最好的成效。如果你決定投入這件事，你可以逐漸建立聯盟，輕鬆獲得好處，出現白色空間組織的特徵：衝動控制、界線、簡潔、內省、意義、創意自由、平衡、自在。你的計畫會很簡單，但不容易做到，需要納入以下原則：

一、刮別人的鬍子之前，先把自己的刮乾淨：開始運用白色空間的工具與方法，改善你本人的工作流程。

二、以聰明方式招募他人：和他人對話時，要考量對方工作上的愛之語（金錢、人、點子），談白色空間和他們目前熱衷的事有什麼關聯。此外，不要談改變文化，而是談改變心態。

三、分享對方會感興趣的細節：找出你最喜歡的工具、策略、架構，分享出去，建議大家一起試著做看看。

四、擔任白色空間領袖：不論你帶領多少人，花時間詳細了解你自己在白色空間方面的模式、作法與投入程度，將會是改造組織的關鍵。

五、要有耐心：著手進行時，別忘了，讓世界走向重視思考的對話依舊處於相當初期的階段。把你預計的整體時間表訂得寬鬆一點。順其自然，就算大夥只是出現小小的進步，仍然值得讚揚。

發光，發光，發光吧

許多工作者長期處於痛苦狀態，工作令人感到瘋狂、緊張、高壓、匆忙，甚至有時是無望的。人們深受這種感覺所影響，陷入黑暗的心靈世界。

或許你能帶來第一道曙光。

要了解那是什麼意思的話，就跟我一起造訪如詩如畫的挪威山谷，那裡有一個名為尤坎（Rjukan）的小鎮，座落在高聳群山之中，每年有六個月的時間，因海拔高度六千英尺的高山，擋住每一絲可能的日光。然而，現在情況改變了，因為山頂裝了三面由電腦控制的巨大鏡子，把陽光反射進缺乏維他命 D 的尤坎聚落。其實早在事情成真前，大約在一百年前，就有人提出這個「太陽鏡計畫」（Sun Mirror Project）的構想。[6] 地方上的簿記員奧斯卡．齊帝森（Oscar Kittilsen）希望鎮上能「蒐集陽光，接著像頭燈一樣散布出去，照亮整個小鎮與鎮上的快樂居民。」

然而，商議這件事的居民，需要等到科技成真的那一天。等到世上終於有那樣的技術後，在二〇一三年一個非常特別的日子，兩百平方英尺大的市鎮廣場首度在隆冬有了光線。地方樂隊開始演奏，曲目當然是〈讓陽光照進來〉（Let the Sunshine In）。鎮上的老人小孩擠在剛裝設好的長椅上，晒起太陽。店員希莉亞．約翰森（Silje Johansen）笑容滿面：「太好了，真是太好了。」

我知道有些人在複雜的大公司上班，而且老實講，公司有點運作不良。你心想：「我算哪根蔥，怎麼可能替公司帶來改變？」或者你在小型家族企業上班，公司固守老派且不合理的工作方式。這種社群長期處於黑暗之中。然而，你的白色空間作法能帶來第一道光線，成為第一片鏡子，把邏輯與平穩的暖意照進市鎮廣場。一開始可能只有你照到光，再來有一位同事也照到了，然後是五名同事、一百名同事。

我的朋友，發光吧。

1分鐘思考時間……

白色空間團隊

記住：

- 「常規」是約束團隊成員的權威性標準或行動原則。組織的所有常規加起來，就是你們的「文化」。
- 你可以採取步驟，讓團隊與組織獲得自由。先從自己做起，從工作與生活中你能掌握的面向著手。
- 和別人分享你執行的任何新作法。那個方法必須聽起來有趣、具體且可行。
- 如果你是領袖，關鍵是親自向身邊的人示範相關原則。
- 耐心是重要的工具。請給其他人時間，讓他們感到好奇，開始跟著做起大大小小的改變。

問自己：

- 「在我的白色空間之旅中，有誰可能真正理解，而我可以請這個人支持？」

CHAPTER 11

工作以外的人生：別錯過了

“你一輩子只會活這麼一次，每個今天也只有一次，記得把握真正重要的事。”

即便我們是為了工作的緣故而接受雷射矯正手術，但我們也不會在工作以外的地方還繼續近視。一旦學會從白色空間的角度看世界，我們經過大幅調整的視力，將跟隨我們到天涯海角。我希望美好的白色空間，也能成為你與你家孩子個人生活中的重要元素。你每天在做選擇的時候，白色空間將扮演關鍵的角色。

把缺失的氧氣帶回家後，我們將有時間記錄生活中的小確幸。不論是健身流很多汗後沖澡、和朋友一起捧腹大笑、純威士忌帶來的暖意、雨落在屋頂、不放開的緊緊擁抱，你的白色空間會讓這些美好的時刻深深烙印在記憶裡，協助你好好品嘗。忙碌則會讓你錯過這一切，只見到浮光掠影，無法潛入海底看見鸚嘴魚和軟珊瑚。

捷克總統瓦茨拉夫．哈維爾（Václav Havel）說過，在我們的年代，工作是「生活的可悲替代品」。就我的經驗而言，很多人在潛意識中也有一種默默的、持續不斷的感慨：「我很努力工作，為什麼依然不夠？」「我創辦了三間公司，也是四家公司的董事，為什麼我沒感到自豪？」原因或許是，只攝入工作成就的飲食，不可能帶來飽足感。

澳洲的臨終關懷護理師布朗妮．維爾（Bronnie Ware），因為動人的寫作與《和自己說好，生命裡只留下不後悔的選擇》（*The Top Five Regrets of the Dying*）一書而出名，主角是處於人生最後十二星期的患者。[1] 雖然維爾的清單已經廣為流傳，但再分享一次也不嫌多。要不是因為訊息太沉重，實在該貼在地球上每台冰箱和每個人的浴室鏡子上，每天讀一遍。人臨死前的五大遺憾包括：

一、我希望當初有勇氣活出真實的自我，而不是活在別人的期待中。
二、我希望當初沒那麼努力工作。
三、我希望當初有勇氣表達感受。
四、我希望當初和朋友保持聯絡。
五、我希望當初讓自己更快樂。

維爾談到患者在臨終前看透很多事。她還特別指出清單上第二後悔的事，其實是每個單身男性患者的第一大後悔：「我希望當初沒那麼努力工作。」

有的人幸運又明智，在為時已晚之前就做出改變，例如布萊恩・班乃迪克（Brian Benedik）。我們相識時，布萊恩是高階主管，任職於快速成長、衝勁十足的 Spotify。布萊恩追求遠大的目標時，除了身體感受到工作帶來的壓力，也感到失去自我。他因此做了一件超級瘋狂的事（相當歐洲人）：整個八月都休假，休足一個月。布萊恩關掉專案和電子郵件，找代理人負責他的五百人全球營收團隊，和妻子、成年的兒子與兩個女兒前往海濱小屋。**深度的白色空間**。布萊恩邊走邊聊，跟我說他體驗到某種新生，和孩子變得親近——他原本還擔憂太遲了。

不論是打造產品、公司或服務，打造出一樣東西是壯舉。工作可能讓人理直氣壯地感到滿足，像我就從工作中獲得莫大的樂趣。然而，要是我們放任，工作永遠會贏。在有些公司，尤其是大公司，追求平衡只不過是好聽的口號。人們感受到的事實，四周牆壁透出來的真相，其實是我們靠著犧牲，在工作的遊戲中持續得分。哪個員工犧牲自己愈多，將獲得提拔。

真正讓我們感到平衡或不平衡的，其實是每一刻的活力。然而，在這點上，工作同樣有辦法操弄我們。雖然工作壓力帶來的高風險，喚醒我們自保的直覺，但工作顯然是多巴胺的吃到飽。套用前文的譬喻來講，工作實在太**高彩**了。回家後，家務事通常是重複性的，缺乏帶來刺激的壓力，例如沒有主管的視線逼著我們把皮繃緊。在家時，當我們放下手中的糖分、咖啡因與數位興奮劑，便突然感到疲憊不堪，需要小睡一個月，但不能這麼做，所以我們搖搖晃晃，頭昏眼花，再次拿出洗碗機中的碗盤，一邊監督家庭作業與家中的修繕。家裡成為少花一點力氣的安全選項，結局就是我們忽視家裡。和親人共度的時光，有如在路上吃得來速晚餐：我們記得吃了漢堡，其他什麼也不記得了。

若能在家中創造更多白色空間，你與親友共度的鮮明時光便會增加，如同電影會利用慢動作的效果，讓我們全神貫注。加進個人生活的策略性停頓，將一再提示你，在你耳邊低語：「這很重要」、「這很重要」。

不允許停下

然而，平衡很難的原因，在於我們不允許自己擁抱平衡。我們會有罪惡感。想像你是部門的營運副總金，上頭是很操的那種傳統老闆。你知道老闆要是有一天穿T恤，上面的字會是「吃得苦中苦，方為人上人」。金在世上最熱愛的事就是駕船出航，她伯伯有船，不時會邀請她。每當金打赤腳站在甲板上，手中握著麻繩，心裡會想：「這一刻，我的人生真完美。」那種感覺讓她有辦法撐過一天又一天，鼓舞著生活中的每一個面向（提示：包括工作）。

有一天，伯伯打電話來，邀請金在星期四下午四點來一趟短暫的出海。金咬牙。她好想去，但害怕在那種時間打卡下班。金和心中的批評者商量，她可以在早上七點到下午三點間工作。金試圖說服自己，那樣也會是工作一整天。然而，想到要在工作日的下午三點十五分就離開，讓她緊張到想吐。出海多開心啊，海風吹拂頭髮，嘴裡有鹽的滋味，或許還來一瓶冰啤酒，喔，太棒了——但同一時間同事還在工作？不行，那樣太有罪惡感了。

我們來梳理一下，那種事是真的有罪，還是穿著有罪外衣的羞愧感？

金在她的部門看過，有太多人因為試著尋求平衡，結果被公開羞辱。金清楚記得有一次，早起的老闆早上六點半就到公司，坐在金旁邊的同事七點到，一進門就聽到：「呦，有人睡懶覺啊？」

金會不安還有另一個原因。當同事都不懂得好好照顧自己，沒過著圓滿的生活，你又怎麼可能獨善其身？如果你天天共事的同事，不是沒空約會的單身者，就是錯過孩子每一場少棒比賽的父親，當同事每天都離休失能假更近，即將因為壓力引發的疾病而倒下，你又怎麼可能享受生活？

讓我用事實來擊退你的罪惡感：平衡的人士工作起來更努力，團隊績效更好，更少請病假，而且決策能力更強。無數的研究都證實了這點。[2]平衡的人甚至能在叢林中開闢出通往自由的路，運用正面的從眾力量，鼓舞其他扮演工作烈士的團隊成員。平衡的人不會想要完美，他們把平衡當成股票市場，清楚市場原本就會起起伏伏，沒必要煩惱波動。他們自認可以享受生活，可以擁有白色空間。他們是對的，但要做到這點非常不容易，因為不論是工作或家庭，永遠有事情在呼喚我們。

做一個小小的實驗。坐在沙發上，告訴自己，你很努力了，你可以什麼都不做十分鐘。腳放在沙發上休息，吐氣，接著聽到你的房子像動畫片一樣**活了過來**，家中的不同角落叫你做事。雨水槽說快點清理我。碗盤說來洗我。櫥櫃說：「我需要近藤麻理惠的收納法。」此起彼落的聲音愈來愈大，抓著你的領子，把你用力揪起來。你開始**做事**。況且那還只是沒生命的物品的呼喚！當會叫會跳的人類也加入，叫你做這個、做那個，你便暈頭轉向，疲於奔命。

你不相信你被允許最基本的停下。我希望我有能力允許你這麼做。如果有我能給你的咒語或魔藥，我用爬的都會幫你要到，但我最多只能告訴你：「我，茱麗葉・方特，不完美的母親與女企業家，允許你停下。」

不被允許滿足

我們也必須被允許放棄「人比人，氣死人」的比賽，因為跟周圍的人的較勁，其實建立在謊言上，害你失去白色空間。如果隔壁那家人欠了鉅額的信用卡債，他們不會在草坪上立一塊牌子公告這件事；外人只會看到他們的新車和時髦打扮。然而，這家人付出什麼代價？這是另一種版本的「外觀吸引力」，絕對會剝奪我們的滿足感。

我們永遠不會看到其他人的財務真相。同樣的，雖然實情能在我們自己的關係觸礁時，帶來一絲安慰，但我們也不會知道別人的婚姻與伴侶的真相。我還記得我家有一個紅髮鄰居，打扮入時，永遠會帶著一歲大的孩子衝出門迎接丈夫回家。她的先生是洛杉磯大型廣告公司的藝術總監。我這位鄰居會讓嬰兒揮揮小手，接著湊身過去，深吻坐在時髦栗色敞篷車裡的老公，絕不是快速親一下的那種。我如果當天婚姻不順，就會想起這個畫面，陷入佛教徒所說的「攀比的痛苦」，嚴厲批評我身處的現實。

孩子兩歲時，女人離開了丈夫。

我們永遠、永遠不會知道，門關起來後發生什麼事，但如果我們能知道，絕對會有幫助，也不再給自己那麼大的壓力。我想買一台改裝的彩虹嬉皮巴士，踏上名為「降低標準」的全國慈善巡迴之旅。我會拿著大聲公，把超級成就者聚集在停車場與操場，激勵他們，要他們小小嘗試把自己無害的平凡一面，自豪地展示出來。我會邀請時髦的家庭主婦，不鋪家裡的任何一張床，再把照片放上網。我會請健身房裡的猛男公開吃下一個甜甜圈（或兩個），再讓所有人看到（理想上，果醬內餡最好要滴到上衣）。我會請隔壁永遠脾氣很好的夫婦，一次就好，在超市裡對著他們的孩子**失去理智地大罵**。

如此一來，我們將能**休息**。我們會知道，其實大家都一樣，為了自己生而不完美感到慚愧，但事實上根本不必那麼緊張。我們將制伏個人版的時間小偷，開始鬆一口氣。當時間小偷跳上我們的公事包，跟著我們回家，它們會以稍微不同的面孔出現：

- 幹勁告訴我們，一定要賺大錢，擁有各種會讓人刮目相看的物質。
- 卓越告訴我們，不論如何健身、整理家裡、孩子成績有多好、當了多完美的爸媽、當義工、有多厲害的嗜好，全都還不夠。
- 資訊告訴我們，我們必須什麼都知道，不論是新聞、運動、文化活動或最新潮流，隨時要掌握第一手資訊。

- 行動力告訴我們，如果在晚間和週末擠進更多事，多做一點，有更多貢獻，那麼當人生的遊戲結束時，我們的分數會更高。

為了讓這群騙子安靜，我們必須回到簡化大哉問。不論我們扮演的角色是個人、伴侶、朋友或家人，相關提問能把我們的注意力導向重要的事，讓我們選擇新的優先事項。在工作以外的領域，我們可以問自己：

「有可以放掉的事嗎？」協助我們質疑與重新檢視課後活動、義工服務、榨乾精力的友誼、課程、個人計畫，進而擺脫不過關的人事物。

「到什麼程度就算夠好？」協助我們對我們在家中做的每件事，溫柔地放鬆標準。完美主義催促著我們，讓我們在休息時間精疲力竭，但我們要反抗。

「真正有必要知道的事是哪些？」協助我們檢視在個人生活中需要多少的資訊、研究與細節。

「哪些事值得花心思？」協助我們把注意力盡量只放在真心喜愛的人與活動上。

別忘了，除了問自己，也要問「我們」，例如與伴侶或全家人一起問這些問題。這些問題能帶我們回到極為重要的篩選條件：**時間有被好好利用嗎？**如果能像影片一樣，回放你每分鐘的生活，而你感到一天中符合這個敘述的時間，百分比還算合理，那麼你贏了。假如尚未做到，簡化大哉問能協助你。

趕走電子裝置

我的一個客戶在波士頓參加婚禮，他坐在吧台，望著舞池，親戚起舞、喝香檳、恭喜新人。相鄰的兩桌吸引了他的視線。一桌坐著祖父母，兩個人聊天大笑，碰觸彼此，說著故事，享受彼此的陪伴，充滿生命力。旁邊一桌則坐著他前青少年期的女兒和女兒的五個朋友。沒人說話，沒人看著彼此。每個人凝視著下方，與世隔絕，處於螢幕引發的緊張症。肩膀聳起，眼神呆滯。兩桌的差異讓我的客戶感到無比擔心。大部分的父母都有同樣的感受，但要是我們夠誠實，我們也該擔心自己。我們其實和孩子一樣，注意力不知道跑到哪去了。

我的孩子會說，我對螢幕議題反應過激。螢幕無所不在，有如天天都存在的強烈威脅，令我十分不安。事實上，我要跟你說我的真心話（現在已經夠接近書的尾聲）。我認為如果惡魔要毀滅人類，不會選擇一口氣消滅，那樣既缺乏詩意，也不好玩。我認為惡魔會享受看著人類走向滅亡，創造出某種非常性感誘人、令人神魂顛倒、無法抗拒的東西，我們漸漸不再和彼此說話，親密死亡，社會瓦解。

我很確定那樣東西就是我的 iPhone。

我強烈反對手機的動機是自我保護。我對於螢幕的高敏感立場，源自於我自己的無力感。我抗拒不了手機的誘惑，有強烈的成癮傾向。我會沉浸於螢幕，然後就出不來。如同對具有威脅的事物設下的許多限制，我承認我這是一刀切，設下界線，沒考量裝置帶來的諸多好處，但螢幕也讓我感到前所未有的寂寞。孩子上空手道時，我和其他的單親家長、祖母、保母坐在長椅上等下課，每個人沉浸在不同的裝置，**人在心不在**。

有一個問題永遠存在：「我們（我）是否把從前浪漫化了？」我們回想智慧型手機問世前的年代時，是否扭曲了記憶，其實以前也不是人人都心靈自由、家庭關係緊密？

或許吧。我是電視主持人艾倫．方特的女兒，我的故事甚至比多數人都極端。小時候，我家有十一台電視。廚房有電視，浴室有電視（高級飯店的那種），臥室有電視。任何時候，只要我們選擇那麼做，家裡有十一個地方可以讓我們離開現實。我最好的朋友的母親，有一台檸檬黃的有線電話。不管在什麼時候看到伯母，她的耳朵永遠貼著電話，整天坐在原地，手裡捲著電話線，不停聊著鄰居的婚姻、食譜、她愛看的節目。我朋友的父親也沒好到哪裡去，全家一起吃早餐時，他永遠在看晨報，一句話也不說，只是報紙後的一個剪影。

的確，從書本、電視到翻雜誌，不論在哪個年代，總有脫離當下的辦法。事實上，我猜從遠古的時候，人類就一直在逃離當下。伊甸園的亞當八成無視於周圍的優美景色，計算著果樹的收成，腦力激盪著原始的捕蛇陷阱。埃及豔后無疑試圖耐著性子，聽進將軍的冗長報告，但又一邊塗起眼影，或是寫起給安東尼的情書。然而，史上不曾像今天一樣，有永遠開著、永遠可以更新的手持式螢幕裝置。

社群媒體讓人隨時脫離現在。我為了抵抗誘惑，二〇〇八年刪掉臉書帳號，失去六百三十四個「好友」。當時，若要刪除帳號，畫面會跑出你即將離開的人的慢動作投影片，浮動的文字蓋住笑臉：「凱蒂會想你的。」「泰德會想你的。」為了克服最後的障礙並按下刪除，你必須願意和這群人分開。我做到了，帶給自己十年的安靜歲月。

然而，二〇一八年的感恩節，我在叔叔家過節，收到哥哥傳來的簡訊，上面只簡單寫著：「羅素的事很抱歉。」我心中一沉，打電話過去，得知經過六個月的癌症煎熬後，羅素終於解脫了，而我從頭到尾對整件事一無所知。羅素有如我第二個父親，但接連生了三個孩子後，照顧三個小傢伙耗盡了全部的心力，我們慢慢斷了聯繫。臉書是唯一會分享羅素的近況與過世消息的資訊中心。我錯過機會，沒能帶親手做的料理去看他，讀書給他聽，跟他說再見，原因是我沒上臉書。我的心很痛。

我們需要找到中庸之道，有辦法偶爾看一眼社群管道，然後就抽離，不會迷失於其中。一個簡單的老問題可以幫助我們做到這件事：「**真正**有必要知道的事是哪些？」

螢幕的作用是豐富人生，而不是取代人生。為了保護自己不被螢幕支配，我們必須策略性暫停，檢視我們如今碰上的影響，說出更理想的平衡願景。為了自己、為了孩子，我們必須設定只用多少時間看螢幕，並認真達成目標。這是必須持續努力的困難任務，但這是唯一的出路，且值得努力。你會發現你每多走一步，愈遠離螢幕，走向人生，你將過著有意義的現在，眼神不再呆滯，也能再度與自己和他人連結。

白色空間父母

有兩群父母會有興趣讀這一節。一群尚處於育兒期，希望在帶孩子時，盡量增加活在當下及放鬆的時刻，與孩子分享白色空間。另一群父母則是孩子已經大了或快成年。

多年來，我和家長聊天後意識到一件事：當第二群父母回想和孩子在一起時，自己究竟是用心陪伴或心不在焉，有可能心生後悔。有一天，我們會一起喝酒，我會說出心底話，坦承自己在養育孩子時犯過的一切錯誤。一起大哭大笑後，你會感覺好多了。在那一天來臨前，我可以先告訴你一件事：在孩子長大成人的過程中，如果沒有足夠的策略性停頓，處理後果將是大工程。

不過，亡羊還是可以補牢。親子可以一起採取策略性停頓，改善、修補與培養關係永遠不嫌遲。打電話給孩子，給他們驚喜，規劃旅行或一起「宅度假」，享受沒規劃事情的大量白色空間。關係有可能破裂到無法挽回，但大部分不會到那種地步，因為孩子基本上天生會愛父母。分享你的體悟與遺憾。誠實說出心聲，以及說心底話會帶來的脆弱，通常是挽回關係的關鍵元素。

然而，如果你孩子的年齡介於吐奶與搬出家裡，我希望能讓你相信，策略性停頓將深深改變你當父母的感受，以及最後的結果。一路上，你將需要處理我的老師所說的「自我改善的隱形暴力」。終身學習值得敬佩，但每當我們發現自己還需要學習東西，先前的自我就會變得十分明顯，因為我們意識到自己不完美。養育孩子的時候，這種體驗會讓人特別無力，因為賭注比什麼都高。放輕鬆一點。目標是你當父母時，比先前多百分之一的白色空間就好。

讓我們從孩子還在襁褓期講起——我真希望當年有把改變我人生的三個英文字，用馬克筆寫在家中的每一道牆上：

尿液是無菌的。（Pee is sterile.）

開玩笑的，是這三個英文字才對：

暫停。（Take a pause.）

首先，育兒的策略性停頓，可以同時用於照顧他人與照顧自己。身為成人的我們得以冷靜下來，恢復精力，充分把握那些平凡的不平凡時刻——那是我們養育孩子唯一會獲得的回報。就像有一次，我的三個兒子在門口迎接我，小傢伙穿著圍裙，拿著玩具攪拌棒，開心宣布他們替我做了一杯老二調酒。

運用暫停，和你的孩子一起無所事事。坐在廚房的硬木地板上，看著他們把樹莓放在手指上。別大吼大叫要孩子起床，改成悄悄鑽進他們的被窩，享受一點白色空間。當大孩子在做青少年會做的事，坐在他們身旁，他們想說什麼都可以。他們只是想要爸媽全部的注意力。

對孩子來講，策略性停頓能讓他們小小的神經系統放鬆下來，發揮孩子的驚人創意。策略性停頓能教孩子不慌不忙的心態，這對他們的一生都有幫助。執行白色空間的家庭，有空間思考一個關鍵問題：「有什麼好急的？」

瑞士兒童心理學家皮亞傑（Jean Piaget）平日到世界各地演講，談兒童發展的幾個明確階段。有一個問題被反覆提及，不過皮亞傑也注意到，只有一個國家的聽眾會問那個問題，他稱之為「美國問題」。沒錯，那個問題就是：「有沒有辦法加快那些階段？」

白色空間父母讓所有的階段自然發生，不去擔心要快點讓孩子成熟。當孩子讀錯音，或是還無法控制情緒，又或是以一千種方式讓大人失望了，沒能符合外界的期待，這時我們可以策略性停頓，壓下糾正的衝動，提醒自己揠苗助長沒用。

白色空間父母會一起努力，幫孩子少安排一點活動。太多孩子人生的每一刻都被設定好，一天之中不停趕場，運動、練習樂器、晚餐、寫作業、上床睡覺——沒有不必做任何事的時刻。

年紀大一點的孩子依舊很忙，一刻也不得閒，忙著跟上學業，埋頭苦讀，排名要好，「贏得」上大學的比賽。我有時會想，對於自己真正熱愛的事是什麼，孩子有沒有任何一丁點的線索。

我有一個客戶想抵抗這種育兒潮流，告訴自己六歲大的小孩，爸媽幫她取消了一整天的課後活動，她可以「單純在後院度過時光」。女兒抬起一邊的眉毛反問：「然後呢，要做**什麼**？」

大部分的孩子應該要有機會感到超無聊，無聊到厭世，無聊到翻白眼，直到被迫**深入自己的內心**，找出感興趣的事。和自己一起坐著是焦慮的泥濘，無聊會讓孩子費力踏過那些泥濘，最後終於走出來時，全身會湧現力量。

我替你的孩子許的白色空間美夢，可以總結成我替我家的三個小男人許的願望。

我希望他們能在人生中體驗到不經意的美好，不需隨時尋求震動提示帶來的刺激。

我希望他們能沉浸於熱愛的事，盡情體驗，不帶目的。

我希望他們能獲得適當休息所帶來的精力與力氣，有辦法按照自己的意思全力以赴。

我希望他們長大後，一天裡有空檔不會讓他們感到焦慮，心安理得地待在「時間的城堡」。

擅長快樂

我從小到大都一樣。對我來講，人生的意義很簡單，就是替自己與他人帶來喜悅，這條準則讓我輕鬆就能替一天、一週或一年的計畫做出選擇。我認為你要隨時搶先助人，然後是全心享受無拘無束的單純快樂——旅遊、運動、感官、美食、人、大自然、孩子，或是嘗試新事物。你攪拌好人生的完美蛋糕配方——接著把攪拌棒舔乾淨。

然而，會讓我們感到開心的事物有可能出乎意料。自認「非常快樂」的人數在一九五七年達到高峰，而當時房屋的平均大小是九百平方英尺（約二十五坪）。今日美國人的信用卡債務則達到一兆美元。我們以為某些東西會帶來快樂，在追求的過程中迷失自我，找不到回頭路。

很多時候，暫停能讓快樂重新現身。

或許我們該借用義大利人的「dolce far niente」概念，字面的意思是「無所事事的美好」或「無拘無束的偷懶」。對很多人來講，這種概念比臉頰兩側各親一下的概念還陌生，卻是很好的試行目標。去吧，坐在咖啡廳，握著溫暖的拿鐵，放任自己神遊。看著咖啡館裡的人們，替陌生人假想劇情。在潺潺的思緒小溪裡，不帶罪惡感地從一塊大石頭跳到下一塊，在河面上穿梭，沒有要去哪裡。無所事事實在是太美好了。接下來，可以從事「與白色空間相近」的快樂活動，例如看小說、聽音樂、畫畫、為了好玩而煮東西、暢快聊天，或是製作模型火車。在今日的年代，沉浸在真正的嗜好是一種至高無上的享受——那是獲得喜悅的機會。

各位親愛的讀者，我們在家中創造白色空間，**為的是追求喜悅**。我們製造出誘人的真空，好讓兩種快樂流入：「高度喜悅」（high joy；令你倒抽一口氣的體驗）與「深度喜悅」（deep joy；深入你體內、全身暖洋洋的體驗）。高度喜悅體驗包括驚喜、冒險、熱情、活力、努力；深度喜悅體驗包括友誼、感激、感官享受、給予、寧靜、自豪。我要在此呼籲大家，當你在做一切值得讚揚的事情，一定要自私一點，熱情地尋找並實踐喜悅的孿生手足——**因為一切的一切，為的就是這件事**。隨時留意，隨時專注，隨時說出來。

喜悅降臨。

和家人一起抓住喜悅，在大自然裡捕捉喜悅——在抵達的時刻，尤其要這麼做。很遺憾的是，常見的情形是我們抵達新高度或達成目標後，通常會以百里時速匆匆離去，過分謙虛，說那沒什麼。但我要問你，如果你抵達時，不跳史努比的快樂之舞，也沒大喊「耶，太棒了！」，那麼辛苦工作究竟有什麼意義？

享受抵達的那一刻。站在難走的山路終點，讓風景盡收眼底，在心中和自己擊掌，感謝雙腳一路把你帶到那兒。你感到很幸運，在加油站碰到的人告訴你有這條步道。在鳥兒與白雲的陪伴下坐個幾分鐘，然後再開始想，不曉得有沒有辦法攻克更長、更難、更需要體能的登山步道。策略性暫停一下，感受這一切。

別錯過了兜風

每當我必須重新排列優先順序，就會想起幾年前我到聖路易（St. Louis）舉辦工作坊的事。課程結束後，出現我永遠樂見的場景。我在一生的職涯中，總會見到那樣的畫面——等到排隊握手的人散去，還有一個人耐心等到最後，想私下跟我講話。那次等到最後的女士，讓我感動到擁抱她，但即便我現在已經向成千上萬人提過她的故事，我還是不知道她的芳名。

那位女士告訴我，她還小的時候，有一個週末，爹地走過來告訴她：「我們來準備野餐的東西，然後邀請媽媽一起去鄉間，來一趟傳統的美好兜風。」父女做好火腿起司三明治和粉紅檸檬水，一起去邀請媽媽：「跟我們一起去吧。」然而，媽媽有一百萬件事要做，告訴父女倆：「抱歉，我有事要忙，祝你們玩得愉快。」父女倆於是獨自去兜風，那天很開心，開車到夕陽西下。

父親在兩天後過世。

母親後來一輩子叨念那天的選擇。「那天我沒去兜風。」女兒不時會聽見母親喃喃自語那句話。

有很長一段時間，我不曾向任何人分享過這則故事，直到有一天，我坐在我家的廚房桌旁，在筆電上敲敲打打，我先生和當時兩歲大和四歲大的兒子在屋外停車的地方。兩個小傢伙都沒穿衣服，手上拿著澆水軟管，一起洗車。我先生從前院傳訊息給人在廚房的我：「這個畫面超可愛的。妳有空的話，來看一眼吧。」我立刻回傳：「抱歉，在忙。」**然後我想起那個故事**，一下子站了起來，萬分緊張會錯過，立刻衝到外面，椅子倒在地上。

許多很有成就的人士，太晚才意識到自己錯過了兜風，但趕上明天的兜風**永遠不嫌遲**。如同這段很有哲理的話：

種樹的最佳時機是什麼時候？

二十年前。

那次佳的時機呢？

今天。

不論你這裡要代入什麼事，看是家人、助人、旅行、嗜好，一天中插進的白色空間能讓你衝出去。去吧，短暫地策略性停頓一下，跳起來，讓椅子倒下。

1分鐘思考時間……

工作以外的人生

記住：

- 專業成就無法取代快樂、人際連結與意義。
- 許多人臨死前極度後悔太忙於工作。和你愛的人共享更多白色空間、追求你熱愛的事，將能避免這種遺憾。
- 時間小偷如幹勁、卓越、資訊與行動力，趁著我們爭強好勝、不肯收手、衝過頭的時候，鑽進我們的家。
- 為了好好擁有家庭生活，你必須不再讓電子裝置掌控你，把注意力放在生命裡最重要的人身上，好好陪伴。
- 如果你是家長，別忘了慢下步調，把注意力放在孩子身上，與他們共享白色空間。這種事永遠不嫌遲。
- 別錯過兜風。

問自己：

- 「在現在這一刻，我必須在錯過之前抓住什麼？」

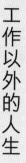

尾聲——石灰岩山下

狂風在門外忙著呼嘯——不過目前只有你和我坐在劈里啪啦的爐火前，熱可可上飄著棉花糖。我們可以一遍又一遍回到這個寧靜之所。

在本書的結尾，如同本書的開頭，我真誠希望未來在事業上，你能自豪地擁有**一分鐘的思考時間**。拒絕接受現況會是很大的挑戰，很難記得白色空間在等你。然而，你現在萬事俱備，有辦法送自己「允許」和「覺察」這兩個簡單的禮物。你在開始使用第一個訣竅或工具之前，允許自己暫停並意識到選項，替你的人生與工作添加氧氣。我要在這裡送上最後的祝福，最後再講一個故事。嚴格來講這不是祕密，我一直在等待正確的分享時刻。

在寫這本書的過程中，我和先生從頭到尾正帶著三個兒子，進行為期數年、被稱為「世界是學校」（Worldschooling）的旅行，[1]也就是把旅行當成孩子的主要教育。我們每次會在一個地方待上四到六星期，一路上去了夏威夷考艾島、美國佛蒙特州、哈瓦那、佛羅倫斯、法國、克羅埃西亞、峇里島、緬甸、馬來西亞、紐西蘭，以及其他數個地方。我們用吉他、烹飪、永續性、批判性思考、營養、理財、書法與嘻哈等課程，取代社會課與練習簿。

不管我走到世界的哪一個角落，都會被提醒火焰為何能燃燒。在一場峇里婚禮（Balinese wedding）上，好多東西都在冒煙，我還以為自己失去視力。在紐西蘭的綿羊場，我一邊忙著添加與撥弄柴火，讓工作室添加暖意，一邊看著小羊嬉戲。在泰國，我們住在簡單的平房，屋主是法國植物學家皮耶，以及他熱情好客的幾個金髮女兒。我們一起慶祝跨年，有旺盛的篝火、螢光棒、鳳梨蛋糕。八歲的路娜抱了我，我還以為她在說晚安，但她抓起我的手說：「我們睡覺前，可不可以先在火邊跳舞？」

這場旅行不是 Instagram 想讓我們誤以為的 2D 行程，實際上困難重重，幸好老天無數次保佑。適應路上的生活並不容易。（翻譯：沒有夫妻的約會之夜……永遠沒有。外加永遠無法逃脫弟弟的青少年，以及無法逃脫哥哥與彼此的兩個弟弟。）大人必須學著從十五個時區經營公司。我們原本就已經很有雄心壯志的行事曆，現在還得外加全職的旅行社工作。我們被迫拓展舒適圈，努力習慣硬邦邦的床、冷水澡、會讓人哭出來的網路速度，以及雖然掛了蚊帳，五個人之中還是有兩個人因為蚊子傳播的病毒而病倒。

這是一場令人難忘的經歷。我在一個又一個令人記憶深刻的場景寫下這本書：托斯卡尼的鄉村河流旁、底下有俄國遊客吵架的克羅埃西亞陽台，以及看著峇里島的稻田旁的鴨子搖搖擺擺走過。

在我展開工作外的生活的最後一章時，我們人在泰國奧南（Ao Nang），這裡有著令人目眩神迷的自然景觀，海上突出被稱為「喀斯特地形」的巨大石灰岩山，形成最超現實的壯觀地形。傍晚太陽西下，紅鶴色的光線染出稍縱即逝的火燒雲。

有一天，我下了嘟嘟車（一種拿性命冒險、座位沒有安全帶的露天計程車），背包裡裝著筆電，目的地是奧南咖啡俱樂部（Ao Nang Coffee Club），**就在下車處正前方十英尺**。要走完那十英尺路，最有效的走法是站穩後直直走向咖啡廳。我已經正對著大門，然而，我的身體已經養成根深蒂固的習慣，不需要大腦提醒，就策略性暫停。

我轉身，看著太陽底下長尾船在安達曼海（Andaman Sea）上來回穿梭，喜氣洋洋的木船頭上，包覆著祈求好運的彩帶與鮮花裝飾。我只逗留幾分鐘，就轉身再度前往目的地。然而，那個暫停是**一切**，穩住我，讓我心生感謝，活在當下。我發誓，我進室內後的工作狀態因此而不同。

對我來說，那個小小的暫停，以及許多類似的時刻，改變了生活的感受。除了改善我的領導方式與選擇，也是我的保險，讓我不會在回顧這一生時，發現錯過了人生。一天中，我們缺少的元素隨風飄蕩時，就是能帶來這樣的力量。白色空間的力量讓我們長期緊繃的胸口，因為終於獲得需要的氧氣而得以舒展。

我希望在這場我們一起踏上的旅途中，你感到開始步入正軌，你最樂觀的自我想著：「有可能做到。」我希望各位在閱讀時，看似隨機的畫面跑進你的腦海——你處於最鎮定自若的狀態，臉上帶著大大的笑容，在工作上施展拳腳。我保證一旦你習慣了這個白色空間，一旦讓白色空間進入你的細胞，便會可靠地帶你迎向風裡，讓你涼爽起來，或是迎向陽光，讓你溫暖起來。

你將看著停頓如何不斷

開展

帶來驚喜

好事連連。
這是我對各位的祝福。

謝辭

你在寫書時，旁人會不停熱心地警告你，你即將面臨什麼樣的痛苦，如同有經驗的婆婆媽媽會在你懷孕期間試圖嚇唬你生產有多恐怖，作家會分享戰爭故事，談「磨人的寫作」、「推銷的壓力」、「累死人的發表會」。我向每一位幫忙本書的人士保證，出書過程將充滿喜悅。出現壓力時，我們將改變選擇，紓解壓力。我們後來的確做到這樣的承諾。我身邊圍繞著大量的愛、智慧與支持，這些不可思議的龐大助力，讓成書過程樂趣無窮。

我獲得大量的協助，記不清有多少次當我卡在某個觀點時，會有人推我一把（有時很大力），讓這本書變得更好。事實上，要是沒有無數的外力助陣，我現在還會處於「差不多就快要開始寫書」的狀態。

謝謝亨利．克勞德（Henry Cloud）出手讓我停止憂慮，接著一路用愛與恐嚇讓我完成提案。感謝我偉大的經紀人大衛・杜爾（David Doerrer），他從我們的第一封電子郵件，就大力支持本書，投入大量心血，火力全開。大衛，你讓這個過程的每一步，就如同是薄賽珂氣泡酒（Prosecco）般的興奮童話。

我要感謝我初期的 Harper Business 編輯史蒂芬妮・希區考克（Stephanie Hitchcock），也要感謝出版人何莉絲・辛波（Hollis Heimbouch），她後來成為我的正式編輯，協助我過關斬將。見到你們的那一刻，我知道「就是你們了」。非常感謝你們的協助，謝謝你們優雅地忍受我的完美主義，也謝謝你們在寫作實務上提供幫助，一起把寫出優美散文當成目標。謝謝布萊恩・培林（Brian Perrin）、瑞貝卡・拉斯金（Rebecca Raskin），以及 Harper Business 的全體內部團隊，你們在出版的過程中展現了非凡的眼光。

謝謝 Faceout Studios 與艾倫・賈札克（Alan Jazak）提供恰到好處的圖示與亮眼封面。感謝最棒的克林特・葛林列夫（Clint Greenleaf）、查理・佛斯科（Charlie Fusco），也感謝拉斯蒂・薛爾頓（Rusty Shelton）與 Zilker Media 的全體工作人員。他們確保本書的優點被宣揚到全球。

感謝所有動用寶貴時間提出意見、問題與建議的讀者，謝謝你們。我要特別感謝我的公司與客戶，他們相信我們的訊息很重要，在自己的組織裡四處分享。感謝 Makarora 的全體工作人員：皮特（Pete）、珍妮（Janine）、麥克（Mike）、詹姆士（James）、格蘭特（Grant）、卡什（Cash）。你們帶來的「家以外的家」是作者的美夢。也感謝每一位好奇的咖啡店員告訴我：「你在寫書？太酷了。」你們的話讓我很開心。

我要感謝羅里・范登（Rory Vaden），他替本書的視覺編排與核心重點帶來新點子。感謝我所有的作家與高階主管朋友，他們樂於助人，當起啦啦隊，以最大方的方式背書與提供策略，我尤其要感謝丹・品克（Dan Pink）、賽斯・高汀（Seth Godin）、麥可・邦吉・史戴尼爾（Michael Bungay Stainer）、歐贊・瓦羅（Ozan Varol）、蓋伊・川崎，以及所有在本頁定稿後協助過我的人。謝謝所有的網路名人與播客主持人選擇把我們的作品，擺到他們的鎂光燈下，尤其是唐納・米勒（Donald Miller）與克雷格・格羅謝爾（Craig Groeschel）。謝謝全球領袖網（Global Leadership Network）親愛的朋友，你們在各方面提供慷慨的協助。謝謝莎曼莎・艾迪（Samantha Eddy），感謝學者、受訪者與研究人員協助背景知識。謝謝曾經提供故事、引用與訪談的每一個人，你們的貢獻構成了本書。

謝謝我的公司茱麗葉方特集團（Juliet Funt Group）認真負責的團隊，尤其是傑米·佛瑞爾（Jamie Frayer）、亞雷克·史威寇斯基（Jarek Swekosky）、艾莉莎·伍寇維克（Alyssa Vukovic）。在我為了安靜寫作而「消失」的期間，要不是因為有你們全力支持公司，這本書將窒礙難行。

我要特別感謝傑出的編輯顧問珍奈特·戈登斯坦（Janet Goldstein）。不論是什麼主題，在我詞窮時，她永遠都能補上聰明的洞見。珍奈特是最完美的夥伴，以最完美的方式同時展現聰明與不饒人，幽默風趣，一針見血。（那種性格才能不被我逼瘋。）我萬分感謝妳對本書架構做出的傑出貢獻，也謝謝妳永不放棄，讓我們保證的事成真，這場體驗的確暢快、從容又充實。

最後，我要感謝我四個藍眼珠的男孩。感謝我嫁的羅恩·萊斯尼克（Lorne Resnick），以及我們生的傑克（Jake）、艾力克斯（Alex）、尼克（Nick）。傑克太聰明，永遠讓我笑個不停。艾力克斯對生活充滿寶貴的熱情，深具感染力。尼克充滿愛與好奇心的天性，帶來無窮的快樂。一如既往，有你們的支持與愛，一切就已足夠。此外，也感謝我的騎士羅恩永遠都在，替我的快樂野餐鋪好墊子。這本書尤其要特別感謝你。為了這個寫作計畫，我明顯錯過了很多能與你們共度的時光，但你們每個人都很明白，對我來講，這本書是很大的創作樂趣。我十分感謝你們大聲替我加油打氣。不論實情為何，我分享的每個點子與每一章，你們永遠高喊：「太精彩了！」

Study," *Journal of Nursing Management* 25, no. 4 (2017): 276–86, https://doi.org/10.1111/jonm.12464.

尾聲 ・石灰岩山下

1. 許多機構和社群都支持「世界是學校」運動。在我們這趟旅程的途中，我們發現與仰賴這些美妙的資源：https://worldschoolfamilysummit.com 和 https://pearceonearth.com 。

（注釋請從第 319 頁開始翻閱。）

https://www.ted.com/talks/derek_sivers_how_to_start_a_movement.

6. Jon Henley, "Rjukan Sun: The Norwegian Town That Does It with Mirrors," *Guardian*, November 6, 2013, https://www.theguardian.com/world/2013/nov/06/rjukan-sun-norway-town-mirrors; Linda Geddes, "The Dark Town That Built a Giant Mirror to Deflect the Sun," BBC Future, March 14, 2017, https://www.bbc.com/future/article/20170314-the-town-that-built-a-mirror-to-catch-the-sun.

第十一章・工作以外的人生：別錯過了

1. "Bronnie Ware," Bronnie Ware, December 13, 2019, https://bronnieware.com/blog/regrets-of-the-dying/.

2. Johanim Johari, Fee Yean Tan, and Zati Iwani Tjik Zulkarnain, "Autonomy, Workload, Work-Life Balance and Job Performance among Teachers," *International Journal of Educational Management* 32, no. 1 (August 2018): 107–20, https://doi.org/10.1108/ijem-10-2016-0226; J. Bryan Sexton et al., "The Associations between Work-Life Balance Behaviours, Teamwork Climate and Safety Climate: Cross-Sectional Survey Introducing the Work-Life Climate Scale, Psychometric Properties, Benchmarking Data and Future Directions," *BMJ Quality & Safety* 26, no. 8 (2016): 632–40, https://doi.org/10.1136/bmjqs-2016-006032; D. Antai et al., "A 'Balanced' Life: Work-Life Balance and Sickness Absence in Four Nordic Countries," *International Journal of Occupational and Environmental Medicine* 6, no. 4 (January 2015): 205–22, doi:10.15171/ijoem.2015.667; Linsey M. Steege et al., "Exploring Nurse Leader Fatigue: A Mixed Methods

第九章・更理想的會議：集思廣益的好處

1. Stephen J. Dubner, "How to Make Meetings Less Terrible (Ep. 389)," Freakonomics, December 11, 2019, https://freakonomics.com/podcast/meetings/.
2. Steven Johnson, *Where Good Ideas Come From: The Natural History of Innovation* (New York: Riverhead Books, 2011).
3. Kenneth J. Gergen, "The Challenge of Absent Presence," in *Perpetual Contact: Mobile Communication, Private Talk, Public Performance*, edited by James E. Katz and Mark Aakhus (Cambridge: Cambridge University Press, 2002), pp. 227–41, doi:10.1017/CBO9780511489471.018.

第十章・白色空間團隊：一起創造新常規

1. "What Is the Negativity Bias and How Can It Be Overcome?," PositivePsychology.com, September 1, 2020, https://positivepsychology.com/3-steps-negativity-bias/.
2. Leslie Perlow, "Thriving in an Overconnected World," TED, accessed January 6, 2021, https://www.ted.com/talks/leslie_perlow_thriving_in_an_overconnected_world.
3. Juliet Funt, "Candid Camera Episode—Little Juliet with Alan Funt," Vimeo, January 2019, https://vimeo.com/265114714/1021bd480b.
4. Geert Hofstede, *Culture's Consequences: Comparing Values, Behaviors, Institutions, and Organizations across Nations* (Thousand Oaks, CA: Sage, 2001).
5. Derek Sivers, "How to Start a Movement," TED, February 2010,

Went Unused in '18, Opportunity Cost in the Billions," U.S. Travel Association, November 11, 2019, https://www.ustravel.org/press/study-record-768-million-us-vacation-days-went-unused-18-opportunity-cost-billions.

3. Tony Schwartz, "More Vacation Is the Secret Sauce," *Harvard Business Review*, September 8, 2012.
4. FullContact 的 Michelle Warren 接受本書作者代理人訪問時所言，2020年4月21日。Bart Lorang, "Paid Vacation? Not Cool. You Know What's Cool? Paid, PAID Vacation," FullContact, July 15, 2020, https://www.fullcontact.com/blog/2012/07/10/paid-paid-vacation-2/.
5. Marina Koren, "The Most Honest Out-of-Office Message," *Atlantic*, June 11, 2018, https://www.theatlantic.com/technology/archive/2018/06/out-of-office-message-email/562394/.

第七章・忠犬變狂犬：擊退電子郵件

1. Cadence Bambenek, "Ex-Googler Slams Designers for Making Apps Addictive like 'Slot Ma- chines,' " *Business Insider*, May 25, 2016, https://www.businessinsider.com/ex-googler-slams-designers-for-making-apps-addictive-like-slot-machines-2016-5.
2. Jeff Orlowski, *The Social Dilemma* (January 26, 2020, Exposure Labs), Netflix.
3. "The Mere Presence of Your Smartphone Reduces Brain Power, Study Shows," UT News, November 8, 2018, https://news.utexas.edu/2017/06/26/the-mere-presence-of-your-smartphone-reduces-brain-power/.

第五章・簡化大哉問：去蕪存菁

1. Carmine Gallo, "Steve Jobs's Strategy? 'Get Rid of the Crappy Stuff,' " *Fast Company*, November 29, 2017, https://www.fastcompany.com/1693832/steve-jobss-strategy-get-rid-crappy-stuff.
2. Jennifer Lindsey and Marisa Bulzone, *Jane Goodall, 40 Years at Gombe: A Tribute to Four Decades of Wildlife Research, Education, and Conservation* (New York: Stewart, Tabori & Chang, 1999).
3. Leigh Buchanan, "How Patagonia's Roving CEO Stays in the Loop," Inc.com, March 18, 2013, https://www.inc.com/leigh-buchanan/patagonia-founder-yvon-chouinard-15five.html.
4. Anupum Pant, "The Role of Wind in a Tree's Life," Awesci, December 29, 2014, http://awesci.com/the-role-of-wind-in-a-trees-life/.
5. Michael I. Norton, Daniel Mochon, and Dan Ariely, "The 'IKEA' Effect: When Labor Leads to Love," Harvard Business School, 2011, Working Paper 11–091.
6. Danny Axsom, "Effort Justification," in *Encyclopedia of Social Psychology,* ed Roy F. Baumeister and Kathleen D. Vohs *(Thousand Oaks, CA:* SAGE Reference, 2021).
7. Sir Ken Robinson, *Finding Your Element: How to Discover Your Talents and Passions and Transform Your Life (*New York: Penguin Books, 2013), p. 20.

第六章・緊急的幻覺：擺脫現在文化

1. Ken Coleman 接受作者訪問時所言，2019 年 9 月 10 日。
2. Madison Cooper, "Study: A Record 768 Million U.S. Vacation Days

Foundations of the Incubation Period," Frontiers, March 26, 2014, https://www.frontiersin.org/articles/10.3389/fnhum.2014.00215/full.

14. "The Benefits of Forgetting," American Psychological Association, accessed January 5, 2021, https://www.apa.org/pubs/highlights/peeps/issue-26.
15. M. Csikszentmihalyi, *Flow: The Psychology of Optimal Experience* (New York: Harper & Row, 1990).
16. Bryan Collins, "John Cleese on How to Become More Creative and Productive," *Forbes*, February 17, 2020, https://www.forbes.com/sites/bryancollinseurope/2020/02/25/john-cleese-on-how-to-become-more-creative-and-productive/?sh=17af3c446857.
17. John Jacobs 接受本書作者訪問時所言，2020 年 12 月 15 日。
18. "What Is the Negativity Bias and How Can It Be Overcome?," Positive-Psychology.com, September 1, 2020, https://positivepsychology.com/3-steps-negativity-bias/.

第四章・時間小偷：找出與我們作對的力量

1. "Founding Story," Kindness Factory, accessed December 16, 2022, https://kindnessfactory.com/about/.
2. Dr. Travis Bradberry, "Why Women Are Smarter Than Men," August 5, 2020, https://www.linkedin.com/pulse/why-women-smarter-than-men-dr-travis-bradberry-1f/.
3. "The Hedonic Treadmill—Are We Forever Chasing Rainbows?," Positive Psychology.com, September 1, 2020, https://positivepsychology.com/hedonic-treadmill/.

Creativity Benefits of Nature Experience: Attention Restoration and Mind Wandering as Complementary Processes," *Journal of Environmental Psychology* 59 (2018): 36–45, https://doi.org/10.1016/j.jenvp.2018.08.005; Michael D. Robinson, Benjamin M. Wilkowski, Brian P. Meier, Sara K. Moeller, and Adam K. Fetterman, "Counting to Ten Milliseconds: Low-Anger, but Not High-Anger, Individuals Pause Following Negative Evaluations," *Cognition & Emotion* 26, no. 2 (2012): 261–81, https://doi.org/10.1080/02699931.2011.579088; John P.Trougakos, Daniel J. Beal, Stephen G. Green, and Howard M. Weiss, "Making the Break Count: An Episodic Examination of Recovery Activities, Emotional Experiences, and Positive Affective Displays," *Academy of Management Journal* 51, no. 1 (2008): 131–46, https://doi.org/10.5465/amj.2008.30764063; Julia L.Allan, Derek W. Johnston, Daniel J. H. Powell, Barbara Farquharson, Martyn C. Jones, George Leckie, and Marie Johnston, "Clinical Decisions and Time since Rest Break: An Analysis of Decision Fatigue in Nurses," *Health Psychology* 38, no. 4 (2019): 318–24, https://doi.org/10.1037/hea0000725.

10. Teresa Amabile and Brian Kenny, "Does Time Pressure Help or Hinder Creativity at Work?" *Cold Call* podcast, Harvard Business School Working Knowledge, December 7, 2017, https://hbswk.hbs.edu/item/does-time-pressure-help-or-hinder-creativity-at-work.
11. Philip H. Knight, *Shoe Dog: A Memoir by the Creator of Nike* (New York: Simon & Schuster Books for Young Readers, 2019).
12. Robert A. Guth, "In Secret Hideaway, Bill Gates Ponders Microsoft's Future," *Wall Street Journal*, March 28, 2005, https://www.wsj.com/articles/SB111196625830690477.
13. Simone M. Ritter and Ap Dijksterhuis, "Creativity—The Unconscious

Consciousness and Cognition 15, no. 1 (2006): 135–46, https://doi.org/10.1016/j.concog.2005.04.007.

3. Atsunori Ariga and Alejandro Lleras, "Brief and Rare Mental 'Breaks' Keep You Focused: Deactivation and Reactivation of Task Goals Preempt Vigilance Decrements," *Cognition* 118, no. 3 (2011): 439–43, https://doi.org/10.1016/j.cognition.2010.12.007.
4. Alejandro Lleras 接受本書作者訪問時所言，2020 年 2 月 26 日、2020 年 11 月。
5. Alan Hedge, *Effects of Ergonomic Management Software on Employee Performance* (Ithaca, NY: Cornell University Press, 1999).
6. Jeffrey M. Rzeszotarski, Ed Huai-hsin Chi, Praveen Paritosh, and Peng Dai, "Inserting Micro-Breaks into Crowdsourcing Workflows," *HCOMP* (2013).
7. Arnold B.Bakker, Paraskevas Petrou, Emma M. Op Den Kamp, and Maria Tims, "Proactive Vitality Management, Work Engagement, and Creativity: The Role of Goal Orientation." *Applied Psychology* 69, no. 2 (2018): 351–78, https://doi.org/10.1111/apps.12173.
8. Sooyeol Kim, Youngah Park, and Qikun Niu, "Micro-Break Activities at Work to Recover from Daily Work Demands," *Journal of Organizational Behavior* 38, no. 1 (2016): 28–44, https://doi.org/10.1002/job.2109.
9. Gerhard Blasche, Barbara Szabo, Michaela Wagner-Menghin, Cem Ekmekcioglu, and Erwin Gollner, "Comparison of Rest-Break Interventions during a Mentally Demanding Task," *Stress and Health* 34, no. 5 (2018): 629–38, https://doi.org/10.1002/smi.2830; Kathryn J. H. Williams, Kate E. Lee, Terry Hartig, Leisa D. Sargent, Nicholas S.g. Williams, and Katherine A. Johnson, "Conceptualising

40%, Microsoft Japan Says," NPR, November 4, 2019, https://www.npr.org/2019/11/04/776163853/microsoft-japan-says-4-day-workweek-boosted-workers-productivity-by-40.

4. Carey Dunne, "Charles Darwin and Charles Dickens Only Worked Four Hours a Day—and You Should Too," Quartz, March 22, 2017, https://qz.com/937592/rest-by-alex-soojung-kim-pang-the-daily-routines-of-historys-greatest-thinkers-make-the-case-for-a-four-hour-workday/.
5. Linda Rutherford 接受本書作者訪問時所言，2020 年 1 月 20 日。
6. Jason Fried and David Heinemeier Hanson, *It Doesn't Have to Be Crazy at Work (*New York: HarperBusiness, 2018).
7. Rob Henderson, "The Hidden Power of Conformity," *Psychology Today*, September 4, 2019, https://www.psychologytoday.com/us/blog/after-service/201909/the-hidden-power-conformity.
8. Gary Hamel and Michele Zanini, "What We Learned About Bureaucracy from 7,000 HBR Readers," *Harvard Business Review*, August 10, 2017, https://hbr.org/2017/08/what-we-learned-about-bureaucracy-from-7000-hbr-readers.

第三章・策略性停頓：讓每一天出現空間

1. Adam Gazzaley 接受本書作者與作者代理人訪問時所言，2020 年 7 月 25 日。
2. Kenneth J. Gilhooly, "Incubation and Intuition in Creative Problem Solving," *Frontiers in Psychology* 7 (2016), https://doi.org/10.3389/fpsyg.2016.01076; ApDijksterhuis and Teun Meurs, "Where Creativity Resides: The Generative Power of Unconscious Thought,"

注釋

第一章・缺席的元素：我們偷偷渴望空間

1. Juliet B. Schor 接受本書作者訪問時所言，2020 年 11 月 24 日。
2. A. J. Heschel, *The Sabbath: Its Meaning for Modern Man* (New York: Farrar, Straus & Giroux, 2005).

第二章・信奉忙碌的偽神：工作到底哪來這麼多事

1. Ben Wigert and Sangeeta Agrawal, "Employee Burnout, Part 1: The 5 Main Causes," Gallup Workplace (Gallup, December 31, 2020), https://www.gallup.com/workplace/237059/employee-burnout-part-main-causes.aspx.
2. Josh Bersin, "Why Companies Fail to Engage Today's Workforce: The Overwhelmed Employee," *Forbes*, January 20, 2015, https://www.forbes.com/sites/joshbersin/2014/03/15/why-companies-fail-to-engage-todays-workforce-the-overwhelmed-employee/?sh=7661a2f44726; Sandy Smith, " 'Frazzled' on the Job: More Than 80 Percent of American Workers Are Stressed Out," *EHS Today*, April 10, 2014, https://www.ehstoday.com/health/article/21916505/frazzled-on-the-job-more-than-80-percent-of-american-workers-are-stressed-out.
3. Bill Chappell, "4-Day Workweek Boosted Workers' Productivity by

BIG 410

留白工作法：為自己創造白色空間，擺脫瞎忙，做真正重要的事

作　者—茱麗葉．方特（Juliet Funt）
譯　者—許恬寧
資深主編—陳家仁
編　輯—黃凱怡
企　劃—藍秋惠
編輯協力—吳紹瑜
封面設計—廖韡
內頁設計—李宜芝

總 編 輯—胡金倫
董 事 長—趙政岷
出 版 者—時報文化出版企業股份有限公司
108019 台北市和平西路三段 240 號 4 樓
發行專線—(02)2306-6842
讀者服務專線—0800-231-705．(02)2304-7103
讀者服務傳真—(02)2304-6858
郵撥—19344724 時報文化出版公司
信箱—10899 臺北華江橋郵局第 99 信箱
時報悅讀網—http://www.readingtimes.com.tw
法律顧問—理律法律事務所 陳長文律師、李念祖律師
印　刷—勁達印刷有限公司
初版一刷—二〇二三年二月十七日
定　價—新台幣四二〇元
（缺頁或破損的書，請寄回更換）

時報文化出版公司成立於一九七五年，
並於一九九九年股票上櫃公開發行，於二〇〇八年脫離中時集團非屬旺中，
以「尊重智慧與創意的文化事業」為信念。

留白工作法：為自己創造白色空間，擺脫瞎忙，做真正重要的事 / 茱麗葉．方特 (Juliet Funt) 作；許恬寧譯．-- 初版．-- 臺北市：時報文化出版企業股份有限公司，2023.02
320 面；14.8 x 21 公分．-- (Big；410)

譯自：A minute to think : reclaim creativity, conquer busyness, and do your best work

ISBN 978-626-353-376-9 (平裝)

1. 時間管理 2. 工作效率 3. 職場成功法

494.01　　　　111021575

ISBN 978-626-353-376-9
Printed in Taiwan